太空物理环境

张元文　朱彦伟　蒋　峻　编著

科学出版社

北　京

内 容 简 介

本书系统地介绍了太阳结构与太阳风、地磁场作用及地磁模型，以及真空、中性大气、等离子体、辐射、热、轨道碎片等环境的特性、物理基础、对航天器及航天活动的影响、设计分析策略等。同时，考虑读者应用及后续深入研究需求，也提供了典型英文术语及部分环境数据/模型/工具查询渠道，为读者指明进一步研究的热点与难点。

本书可作为高等院校航空宇航科学与技术、力学、天文学、大气科学等相关专业高年级本科生及研究生的工具书，也可供其他感兴趣的研究人员参考。

图书在版编目（CIP）数据

太空物理环境 / 张元文，朱彦伟，蒋峻编著. — 北京：科学出版社，2023.3

ISBN 978-7-03-074848-5

Ⅰ.①太… Ⅱ.①张… ②朱… ③蒋… Ⅲ.①天体物理学 Ⅳ.①P14

中国国家版本馆 CIP 数据核字（2023）第 026994 号

责任编辑：陈　静 / 责任校对：胡小洁
责任印制：吴兆东 / 封面设计：迷底书装

科学出版社 出版
北京东黄城根北街 16 号
邮政编码：100717
http://www.sciencep.com
北京中石油彩色印刷有限责任公司 印刷
科学出版社发行　各地新华书店经销
*
2023 年 3 月第 一 版　开本：720×1000 1/16
2023 年 3 月第一次印刷　印张：10 3/4　插页：7
字数：216 000

定价：108.00 元
（如有印装质量问题，我社负责调换）

前　言

"我的天，太空充满辐射。"地球辐射带命名者、美航天先驱范·艾伦发现地球空间环境充满高能辐射粒子后如是说。"太空物理环境"涉及太空存在的各种能量粒子、射线、气压、微重力及热等，是一门系统宏大的科学，具有涉及面广、涵盖观测/试验/理论等多类型知识、理论联系实际强等特点。同时，"太空物理环境"又与人类生产生活、航天活动等息息相关，国内外诸多研究机构开展了大量的观测分析、试验研究及理论推导工作，每一类子环境特性与物理基础都具有显著的深度及难度。

结合市面已有几本相关著作、大量研究论文素材及编者近十年的教研工作积累，从工科学生学习及应用参考角度出发，立足于入门知识点学习、太空环境意识建立、太空物理基础扎实、设计与分析策略掌握等，本书将系统介绍太阳结构与太阳风、地磁场作用及地磁模型、真空、中性大气、等离子体、辐射、热、轨道碎片等环境的特性、物理基础、对航天器及航天活动的影响、设计分析策略等。

"太空物理环境"是一门继承性及延续性较强的科学，本书期望能起到一个触发器的作用，帮助读者快速掌握太空物理环境的知识体系、概略要素及物理机理，从而促进读者对空天科学技术与工程的较好理解及深入研究。

本书编著得到国防科技大学"双一流"建设等项目支持，书稿撰写参考了国内外诸多学者的研究成果，得到了国防科技大学盛峥教授及黄涣副教授、中国科学院微小卫星创新研究院张博副研究员等专家指导，赵宏亮及马天等硕士生在文字校对、格式修改等方面做了有益工作，在此深表谢意。

限于作者水平有限，书中疏漏和不妥之处在所难免，敬请读者批评指正。

张元文
2022 年 4 月

目　　录

彩图

第 1 章　绪　　论

"宇宙是用不着抽象的, 宇宙只能是非常具体的。"诺贝尔文学奖获得者、印度著名作家泰戈尔如是说!

1.1　太空环境与航天活动

航天先驱康斯坦丁·齐奥尔科夫斯基留下著名论断:"地球是人类的摇篮。然而, 人类绝不会永远躺在这个摇篮里, 而会不断探索新的天体和空间。首先, 人类将小心翼翼地穿过大气层, 然后征服整个太阳系。"从 1957 年第一颗人造卫星发射上天, 人类已走过六十多年的航天发展史, 取得了辉煌的成绩: 近地空间数目繁多、功能齐全的在轨运行航天器及其附属的导航、通信、遥感、侦察、数据中继等能力; 宇航员出舱操控、载人登月、普通人航天观光旅游等常态化太空活动; 国际空间站 (International Space Station, ISS)、中国空间站等长期在轨运行科研平台持续发展; 深空与星际无人飞行器探索、太空望远镜长期在轨运行及对太阳和银河宇宙的多维观测等。

太空环境探测与研究先于人类航天活动发展, 随着航天兴起而蓬勃。太空环境是航天器、宇航员在轨工作所要面临的外部环境, 对航天器功能实现及宇航员生命安全至关重要。正因如此, 面向航天活动的太空环境可靠性设计、试验与保障, 航天服研究等成为航天活动前序必要环节。

1.1.1　太空环境与航天器

航天器在轨运行面临的外部太空环境恶劣, 太空环境影响导致的航天器故障种类繁多。在 *The Space Environment* 一书中, Tribble 教授通过统计美国国家航空航天局 (National Aeronautics and Space Administration, NASA) 所存航天器数据发现, 约 20%～25%的航天器故障与太空环境相关[1]; 此外, NASA 的 Bedingfield 等也得出相似结论[2]。

太空环境的要素 (constituent) 包括高真空、微重力、强腐蚀粒子、带电粒子、强辐射、轨道碎片、深黑低温、强热源以及热辐射 (heat radiation) 的主导作用等 (图 1.1 和表 1.1), 对航天器的结构系统、有效载荷、电子元器件等产生影响[3-7]。其中, 高真空、微重力等环境要素主要影响航天器结构设计、热控方式、敏感设备的紫外线防护等; 强腐蚀粒子, 主要指原子氧, 存在于距地表 100～600km 的高度范围, 能与许多物质发生化学反应，使其发生氧化、腐蚀(erode)，进而性能衰退；带电粒子主要对应等离子体(plasma)环境，对航天器的影响体现为充放电效应(基本概念如图 1.2 所示，设定航天器周围太空环境电势为零，航天器充电时在其表面形成一个负的悬浮电势)，包括表面及内部充放电，使其发生电子电路系统故障，甚至烧毁相关分系统[8-12]；强辐射包括范·艾伦辐射带(见图 1.3，展现了辐射带基本架构及其发现过程采用的典型探测器)、南大西洋异常区(South Atlantic anomaly，SAA)、太阳质子事件(solar proton event，SPE)、银河宇宙射线(galactic cosmic ray，GCR)等，主要影响航天器电子元器件，发生移位损伤(displacement damage，DD)、总电离剂量(total ionizing dose，TID)效应、单粒子效应等，降低航天器存储、计算、控制等功能；深黑低温、强热源以及热辐射的主导作用主要影响航天器的热控设计，包括系统级设计(如热流优化、热控涂层等)及分系统级设计(如灵敏部件热控措施等)。轨道碎片环境主要通过高速撞击对在轨运行航天器产生影响(图 1.4 为美国空间监视网(Space Surveillance Network，SSN)给出的截至 2020 年 12 月全部可探测到的空间目标分类及数量，轨道碎片数目巨大且逐年递增)。此外，从太空粒子能量(energy)角度出发，粒子能量、环境要素及其对航天器的影响如图 1.5 所示[3-7]：粒子能量越高，对航天器破坏威力越大；除了能量因素外，粒子通量(flux)也是航天器受影响程度的关键因素。

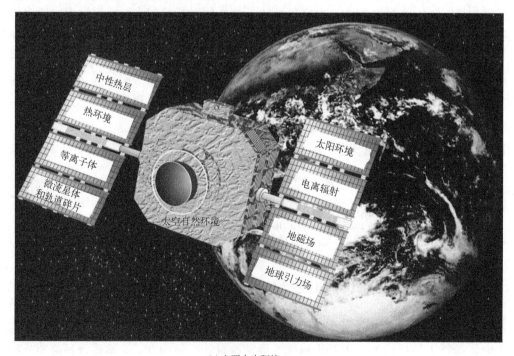

(a) 主要太空环境

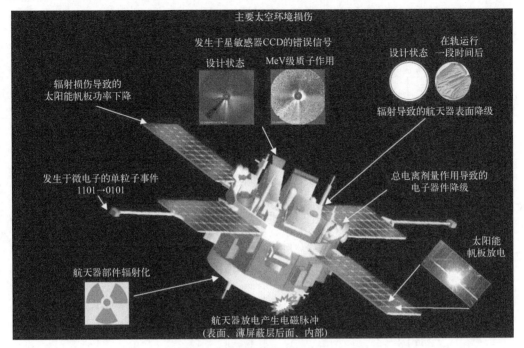

(b) 损伤危险

图 1.1　航天器在轨运行面临的主要太空环境及损伤危险

表 1.1　按轨道高度划分的太空环境危险种类及其影响程度

轨道类型	太空环境危险种类										
	航天器充放电		单粒子事件			总电离剂量效应		表面降级（degradation）		航天器通信的等离子体干扰	
	表面	内部	银河宇宙射线	地球辐射带	太阳质子事件	地球辐射带	太阳质子事件	离子溅射（ion sputtering）	原子氧剥蚀（atomic oxygen denudation）	电离层闪烁（scintillation）	电磁波折射
低地球轨道（low earth orbit，LEO）（轨道倾角 $i \leqslant 60°$）	一般	一般	不适用	严重	不适用	严重	一般	一般	严重	严重	严重
LEO（$i > 60°$）	一般	一般	严重	严重	严重	严重	一般	一般	严重	严重	严重
中地球轨道（medium earth orbit，MEO）	严重	严重	严重	严重	严重	严重	严重	一般	严重	严重	严重
全球定位系统（global positioning system，GPS）（$i \approx 55°$）	严重	严重	严重	不适用	严重	严重	严重	一般	严重	严重	严重

续表

轨道类型	太空环境危险种类										
	航天器充放电		单粒子事件			总电离剂量效应		表面降级(degradation)		航天器通信的等离子体干扰	
	表面	内部	银河宇宙射线	地球辐射带	太阳质子事件	地球辐射带	太阳质子事件	离子溅射(ion sputtering)	原子氧剥蚀(atomic oxygen denudation)	电离层闪烁(scintillation)	电磁波折射
地球同步转移轨道(geostationary transfer orbit, GTO)	严重	严重	严重	严重	严重	严重	严重	一般	一般	严重	严重
地球同步轨道(geostationary orbit, GEO)	严重	严重	严重	不适用	严重	严重	严重	一般	一般	严重	严重
高椭圆轨道(highly elliptical orbit, HEO)	严重	严重	严重	严重	严重	严重	严重	一般	一般	严重	严重
行星际	不适用	不适用	严重	不适用	严重	不适用	严重	一般	不适用	一般	一般

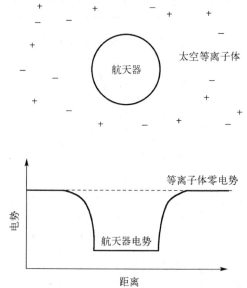

图 1.2 航天器在轨运行负充电及其悬浮电势表征

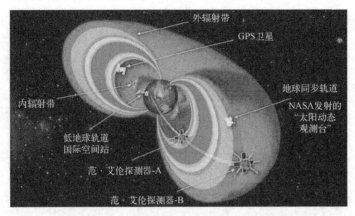

图 1.3 地球辐射带概况及典型在轨运行航天器

许多著名航天器曾因太空环境影响导致性能衰退、任务过早结束或成为失效卫星等[11-16]：美国的天空实验室因大气阻力作用引起轨道过快衰退，任务提早结束；由于充放电效应及单粒子事件影响，美国 TDRS 系列卫星和 CRRES 卫星的姿态控制处理电路发生多次异常；加拿大通信卫星公司的 Anik-E 通信卫星由于静电放电(electrostatic discharging, ESD)引发制导系统故障；哈勃太空望远镜服役早期，每次从阴影区出来进入太阳辐照区，其太阳能电池阵都会发生剧烈振动，照相前需要启动陀螺系统来抑制振动，问题查找最终定位为支撑杆热膨胀所致，服役后期在支撑杆外加个套管消除了图像抖动。

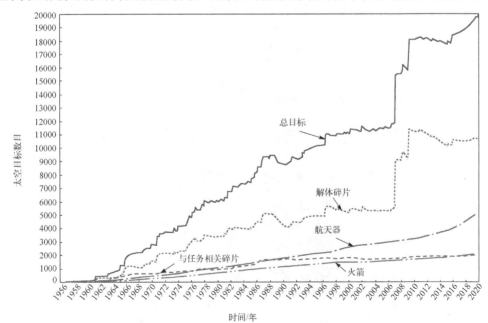

(a) 截至2020年12月的近地空间目标的分类及数量

(b)轨道碎片/微流星体概念展示

图 1.4　轨道碎片环境概况

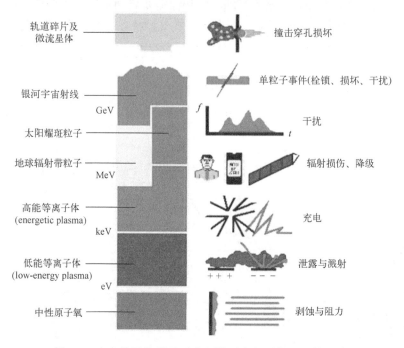

图 1.5　太空粒子能量及对应环境要素与对航天器的影响

1.1.2 太空环境与宇航员

真空环境中，人体血液含有的氮气会使血管体积膨胀，进而危及宇航员生命。对于太空环境而言，真空仅为其特点之一，太空环境的极高/低温差变化、强辐射、轨道碎片等同样对宇航员极为致命[17-21]。因此，各航天大国都在积极研制航天服以保障宇航员出舱活动的生命安全及正常工作能力；同样，宇航员在舱内生活及工作需要航天服的保护。

1) 宇航员面临的风险

太空环境严重影响宇航员身体健康，就人体生物学效应(涵盖细胞基因组稳定性)而言，微重力和辐射是两个主要因素[21,22]。常规辐射和高能重离子辐射会对细胞内活性氧及 DNA 产生损伤，进而导致细胞凋亡；此外，轨道碎片同样对出舱行走的宇航员产生致命威胁，需要对其碰撞风险进行预判以设计防控预案。太空环境对宇航员和太空旅行者身体健康、正常生理功能及其后代健康的影响已引起各国重视，载人航天任务中所涉及的太空环境安全保障系统就重点针对宇航员身体安全进行设计[23-25]。

宇航员辐射效应一般指太空环境中的高能粒子穿过屏蔽层作用于人体，造成人体细胞、组织，乃至器官的辐射损伤，而辐射损伤严重程度与辐射剂量有关。为保证宇航员人身安全，在轨工作宇航员可接受的辐射剂量有严格限制。分析宇航员在舱内吸收的辐射剂量[24-27]，需要进行以下计算(图 1.6)。

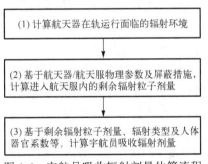

图 1.6 宇航员吸收辐射剂量估算流程

(1) 计算航天器所处太空辐射环境。

太空辐射环境主要包括 3 类：来自太阳系以外的银河宇宙射线(GCR)、偶发的高通量太阳质子事件(SPE)以及地磁场捕获的高能辐射粒子带(范·艾伦辐射带)。GCR 粒子通量较低(地球磁层外的粒子通量约为 1 粒子/(cm²·s))，但能量极高，防护服较难防御该类高能辐射粒子入射，一般分布在地球磁层外；SPE 是伴随太阳耀斑(solar flare)发生的高能带电粒子增强现象，其成分以质子为主，能量一般低于 100MeV，但通量超过 GCR 几个数量级，持续时间约为数小时至数日；一般而言，航天器轨道高度越低、倾角越小，地磁场对 GCR 和 SPE 高能带电粒子的屏蔽能力越强，其对宇航员影响越小。范·艾伦辐射带及其对宇航员的影响：地磁场近似看作一偶极子场，具有特定能量的高能带电粒子会被磁力线约束在一定区域内，沿磁力线在地磁南北极间往复回旋运动，带电粒子如同被地磁场捕获一样，形成一个近似以地球磁轴为对称轴的高能粒子高通量区，称为辐射带；在辐射带中，又有两个高能粒子通量峰值区域，其中心在赤道区的高度约为 0.5 和 2.5 个地球半径，分别称为内辐射带和外辐射带。对于大多数载人航天任务而言，地球辐射带及其南大西洋异常区是宇航员面临高能辐射粒子剂量的主要来源。

（2）计算高能辐射粒子穿透航天器屏蔽层及航天服后的剩余剂量。

航天器本身结构复杂，带电粒子在屏蔽材料中传输机理多样化，涉及屏蔽材料的几何布局、成分组成及粒子同材料相互作用等，计算分析较复杂。计算分析中有两个关键参数，一为吸收剂量随材料深度的分布数据（即吸收剂量-深度曲线），二为根据吸收剂量-深度曲线和航天器对宇航员的等效屏蔽厚度确定的宇航员面临的剩余高能粒子辐射剂量。

（3）由于不同人体器官（如骨髓、皮肤等）对辐射的敏感程度不一样（对应于器官系数，表征器官对辐射的敏感程度和响应能力），不同的辐射对相同器官的生物辐射效应不一样（对应于辐射品质参数），相同器官处于人体内部不同深处获得的人体屏蔽程度不一样（对应于人体辐射屏蔽参数），根据航天器内的高能粒子辐射剂量、器官系数、辐射品质参数、人体辐射屏蔽参数等，可初步估算宇航员吸收的辐射剂量。执行任务过程中，如果监测到的实时剂量率过高或累积剂量超过警戒值，则航天器需要采取一定规避措施。

2）航天服的保护作用及其研制概况[28-32]

宇航员要在高真空、深黑低温、失重、强辐射的太空环境中生存，必须要有一个适合生存的微小气候环境，除了载人飞船、航天飞机、空间站等载人航天器外，航天服也为宇航员提供必备与必需的生存保障环境。宇航员在轨执行任务必须穿戴航天服以适应太空环境影响，根据应用场景及功能等不同，航天服可分为舱内航天服（IVA spacesuit）、舱外航天服（EVA spacesuit）和舱内舱外航天服（IEVA spacesuit）三大类。舱外航天服需具备防真空、抗高低温、防辐射和供氧等功能，设计远较舱内航天服复杂。当前，俄罗斯、美国和我国的舱外航天服均采用穿着液冷服，改变其入口水温的方式来调节舱外航天服的散热量，即通过液冷和通风两种方式来维持宇航员的热舒适性。

俄罗斯人对航天服定义为：在太空飞行期间，使宇航员免受外部环境侵害，并保障其生命活动的一类设备，一般包括压力服和生保系统。美国人对航天服定义为：能够使宇航员在太空生存并能开展有效工作的一套系统。总之，航天服既要保障宇航员的生命安全，又要能够保障宇航员在太空的工作效率。俄美航天服的研发都基于高空压力服技术，经历了从舱内航天服到舱内航天服与舱外航天服结合型航天服，再到舱内航天服与舱外航天服分开研制的发展路线；随着国际交流与合作的增加，各国航天服的技术差异逐渐模糊(图1.7)。

由于航天服的辐射防护能力远弱于航天器舱壁，宇航员出舱活动需关注太空环境预报，避开太阳风暴事件。对于未来的星际载人飞行，如登月飞行和火星之旅等，由于失去地球磁场的保护，银河宇宙射线和太阳质子事件的影响会更加严重，航天服的设计要求更高。

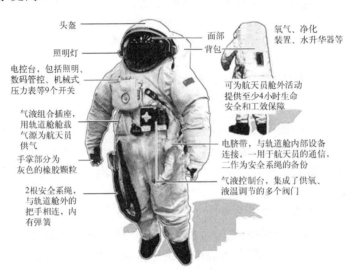

头盔
照明灯
电控台，包括照明、数码管控、机械式压力表等9个开关
气液组合插座，用轨道舱舱载气源为航天员供气
手掌部分为灰色的橡胶颗粒
2根安全系绳，与轨道舱外的把手相连，内有弹簧
面部
背包
氧气、净化装置、水升华器等
可为航天员舱外活动提供至少4小时生命安全和工效保障
电脐带，与轨道舱内部设备连接，一用于航天员的通信，二作为安全系绳的备份
气液控制台，集成了供氧、液温调节的多个阀门

(a) 中国飞天航天服

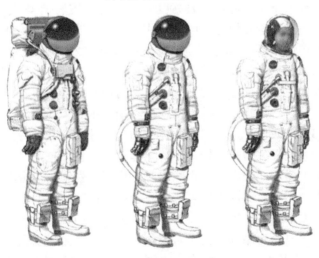

(b) 美国阿波罗航天服

(c) 俄罗斯航天服

图 1.7　中美俄航天服对比

1.2　太阳活动及地磁场作用

　　航天器所处太空环境具有复杂性及多变性特点：复杂性体现为各类子环境要素及其作用物理机理，多变性主要体现为太阳活动(solar activity)及地磁场变化影响。总体来说，太阳活动为近地太空环境的幕后推力器，而地磁场扰动则反映及传递太阳活动的影响。

　　太阳持续不断地向宇宙空间喷射高能射线与粒子：对近地太空环境而言，如图 1.8 所示，来自于太阳的无线电波可见光、紫外线(ultraviolet，UV)、X 射线、太阳风(solar wind)、高能粒子及磁场等产生决定性影响[5-7,13,14]；同时，由于存在地磁场对带电粒子偏转、大气阻力及电离(ionization)等作用，来自于太阳活动的高能射线及粒子影响近地太空环境的距地表高度/程度还受地磁场/地球大气等因素限制。

　　由于太阳磁场与地球磁场之间的相互作用，较高轨道的磁场强度会随着太阳活动周期(约为 11 年)的发展出现相应波动，这些波动常采用地磁指数进行表征。太阳风暴发生时，高速太阳风等离子体流与磁层相互作用，使环电流(ring current)和极光电集流强度大增，引起地磁场强烈扰动，称为磁暴或磁层亚暴。太阳活动爆发会产生一系列严重问题：来自太阳的高能粒子不断撞击航天器表面，部分高能粒子会穿透航天器内部电子元器件，引起电子信号的电位翻转，产生伪指令或错误数据，使卫星逻辑控制系统发生错误，轻则干扰卫星正常工作，重则可导致灾难性后果；低能粒子可使航天器表面带电，特别在磁暴、磁层亚暴和高地磁活动期间，情况更为严重，卫星表面充电后各部件间可能带有较高电位差，可使电子器件被击穿而造成永久性损坏；太阳耀斑发生时，X 射线和紫外谱段的辐射强度在短时间内剧增，X 射线的辐射强度甚至可增加好几个数量级，10min 之内射线到达低地球轨道，使电离层(ionosphere)电子密度剧增，短波无线电信号受到衰减乃至通信中断；太阳耀斑期间空间粒子辐射通量可达正常情况的上百倍，高能粒子辐射会危及宇航员的生命安全。太阳活动爆发会导致太空环境异常及相应的航天器故障事件，事后需要宇航员维护(图 1.9)。

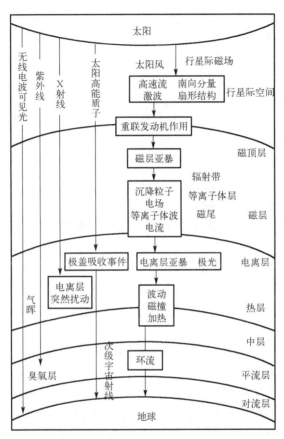

图 1.8　太阳活动对近地太空环境的影响

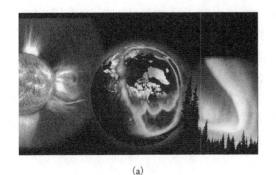

(a)

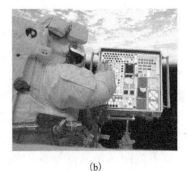

(b)

图 1.9　太阳活动爆发导致太空环境异常及宇航员在轨维修航天器有效载荷

(1)磁暴影响航天系统事件。

1989 年 3 月 10 日，一次长达 7.5h 的磁暴发生，X 射线强度增加几百倍，造成美国国家气象卫星中断向地面发送云图、导航卫星几天不能正常工作、军事系统跟踪的几千个目标近乎失踪、低轨卫星受到异常加大的阻力而几乎失去姿态控制等。

(2)高能粒子导致单粒子翻转事件。

我国的风云一号 B 星多次出现单粒子翻转事件，使卫星姿态控制系统失效，导致该卫星过早退役。

(3)高层大气密度变化影响卫星轨道寿命事件。

由于太阳风暴，美国"哥伦比亚"号航天飞机第 1 次飞行时遭遇高层大气密度突然大幅上升，阻力增加 15%，幸亏带有充足的燃料并采取应急措施才避免发生严重事故；由于没有充分估计到临近太阳活动峰年的大气阻力增加，天空实验室提前 2 年坠毁；美国"太阳峰年"科学卫星，在一次磁暴期间下降 4.8km，从而提前陨落。

(4)电离层扰动影响通信事件。

1989 年 3 月 10 日磁暴期间，低纬度的无线电通信几乎完全失效，导致轮船、飞机等的导航系统失灵。

(5)高能粒子影响宇航员健康事件。

美国"亚特兰蒂斯"号航天飞机发射伽利略卫星期间，能量粒子穿过宇航员视网膜神经，使他感觉到高能粒子轰击引起的闪光。

1.3　太空环境探测及成果

本书中，太空环境探测指利用天基、空基和地基设备对日地太空环境进行的原位和间接测量，可为环境预报、环境效应分析和理论研究提供数据。

(1)探测对象。

探测对象主要包括中高层大气、电离层、磁层、太阳活动等；探测内容主要为太阳活动事件及其在行星际空间的演化，地球太空环境对太阳活动和行星际扰动的响应，灾害性空间天气(space weather)对技术系统和人类生产的影响。

中高层大气主要探测参数为温度、密度、成分、风场等随空间和时间的分布及变化；电离层主要探测参数为电子/离子的密度、温度、速度，电场(electric field)、磁场和等离子体波等随空间和时间的分布及变化；磁层主要探测参数为高能带电粒子、能量粒子、热等离子体和低温等离子体、电场、磁场及其波动等；太阳活动主要探测参数为太阳大气磁场、温度、密度等的静态和动态结构及不同时空尺度的变化，重要太阳风暴活动事件的发生和演化。

(2)探测设备。

地基探测设备：各种专用及通用雷达，如 MST 雷达(探测范围一般为 100km 以内，涵盖中间层-平流层-对流层，MST 名称由此而来）、非相干散射雷达、激光雷达；光学干涉仪；无线电装置等。

空基探测设备：包括各种探空气球、火箭及无人机等。

天基探测设备：航天器携带的遥感及原位探测设备，包括高能带电粒子探测器、磁场探测仪、电场探测仪、X 射线探测器等；航天器携带的太空环境测试材料及试剂；掩星探测（导航卫星发射信号穿过电离层和大气层后，频率（frequency）、相位和幅值会发生变化，通过这种变化进行反演计算，得出大气温度、湿度、气压及电离层电子密度等信息）等。

(3) 重大探测工程/计划。

通过自行建设及与欧洲空间局（简称欧空局）合作等，近些年我国开展了多项太空环境探测工程，主要包括地球空间双星探测工程（近地赤道区卫星 TC-1 和极区卫星 TC-2，分布见图 1.10，分别于 2003 年 12 月 30 日和 2004 年 7 月 25 日发射，用于研究地球磁层整体变化规律和爆发事件的机理）、子午工程（子午工程一期于 2012 年建成，工程沿东经 120°、北纬 30°布局 15 个综合性台站，形成"东半球空间环境地基综合监测子午链"；一期工程以链为主、链网结合，主要覆盖我国东部地区；综合运用地磁（电）、无线电、光学和探空火箭等多种监测手段，可连续监测地球表面 $20\sim30$km 以上到几百千米的中高层大气、电离层和磁层，以及十几个地球半径以外的行星际太空环境）、夸父计划（即空间风暴、极光和空间天气探测计划，由 3 颗卫星组成，轨道部署见图 1.11；夸父卫星 A 部署于距地球表面 1.5×10^6km 的 L_1 平动点的 Halo 轨道，用于全天候监测太阳风暴事件的发生及其扰动在日地空间的传播；夸父卫星 B_1 和 B_2 部署于共轭的地球极轨大椭圆轨道，用于监测太阳活动导致的地球附近太空环境的整体变化）、SMILE（太阳风-磁层相互作用全景成像卫星，solar wind-magnetosphere-ionosphere link explorer）工程（为中国科学院和欧空局联合探测卫星工程，主要研究目标为通过 40 多小时连续不断的磁鞘（magnetosheath）/极

图 1.10 地球空间双星探测工程（DSP）

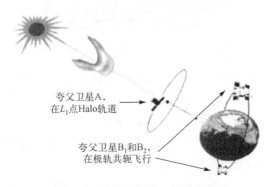

夸父卫星A，在L_1点Halo轨道

夸父卫星B_1和B_2，在极轨共轭飞行

图 1.11 夸父计划的 3 星轨道部署

尖区的 X 射线成像和全球极光分布的极紫外成像,配合太阳风/磁层等离子体和磁场的同步测量,研究太阳风与地球磁层之间的相互作用及其对近地太空环境产生的影响, 见图 1.12,预计 2024 年发射)等[33-35]。

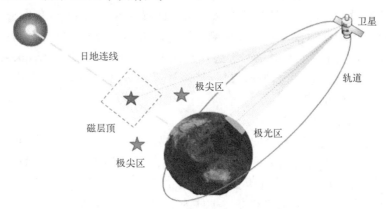

图 1.12 SMILE 工程的卫星轨道布局

美国发展了较全面的太空环境探测体系[36]:地基雷达及光学设备全球部署、功能多样、性能优越;空基探测手段多样;天基探测全轨道部署,涵盖从 LEO 到 L_1 点等范围(图 1.13 和图 1.14)。

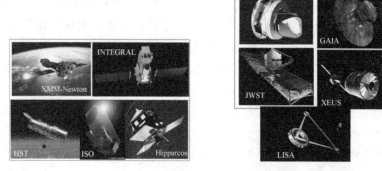

图 1.13 美太空环境探测知名航天器

下面给出一些有用的太空环境数据资源与 NASA 标准。

(1)太空目标数据(包括航天器及轨道碎片),来自美国空间监视网(SSN)(http://celestrak.com/NORAD/elements/)。

(2)太空环境探测数据,来自中国国家空间科学数据中心(https://www.nssdc.ac.cn/mhsy/html/index.html)。

(3)几项 NASA 标准:NASA SSP 30426,关于国际空间站分子污染(molecular contamination)的减轻指南;NASA ASTM E1559,真空环境下出气导致的总质量损失(total mass loss，TML)和收集的挥发性可压缩材料标准测试方法；NASA ASTM E559，航天器材料污染出气特性的标准测试方法。

图 1.14　美国典型的天基太空环境探测网络[①]

参 考 文 献

[1]　Tribble A C. The Space Environment[M]. Princeton: Princeton University Press, 1995.

[2]　Bedingfield K L, Leach R D, Alexander M B. Spacecraft System Failures and Anomalies Attributed to the Natural Space Environment[M]. Huntsville: NASA Reference Publication, 1996.

[3]　Mazur J E, Brien P O, Fennell J F. Space environment effects on space systems[C]. The Workshop on Science Associated with the Lunar Exploration Architecture, Tempe, 2007:1-24.

[4]　Shu T L. Fundamentals of Spacecraft Charging: Spacecraft Interactions with Space Plasmas[M]. Princeton: Princeton University Press, 2012.

---

① NPOESS(national polar orbiting environmental satellite system)表示美国国家极轨环境卫星系统；VHF(very high frequency)表示其甚高频。

[5] 艾伦·C·特里布尔. 空间环境[M]. 唐贤明, 译. 北京: 中国宇航出版社, 2009.

[6] Pisacane V L. The Space Environment and Its Effects on Space Systems[M]. Reston: AIAA Education Press, 2008.

[7] 文森特·L·皮塞卡. 空间环境及其对航天器的影响[M]. 张育林, 陈小前, 闫野, 译. 北京: 中国宇航出版社, 2011.

[8] 董磊. 电子辐射致航天器充电问题的理论研究[D]. 济南: 山东大学, 2019.

[9] 原青云, 孙永卫, 张希军, 等. 航天器带电理论及防护[M]. 北京: 国防工业出版社, 2015.

[10] 韩建伟, 陈睿, 李宏伟, 等. 单粒子效应及充放电效应诱发航天器故障的甄别与机理探讨[J]. 航天器环境工程, 2021, 38(3): 344-350.

[11] 冯伟泉, 徐焱林. 归因于空间环境的航天器故障与异常[J]. 航天器环境工程, 2011, 28(4): 375-389.

[12] 周立栋, 孙永卫, 蒙志成. 复杂太空环境对航天器的影响[J]. 飞航导弹, 2017, 7: 65-69.

[13] 李良. 太阳活动与地球的空间环境[J]. 现代物理知识, 2004, 12(5): 33-35.

[14] 罗霄. 重视空间环境条件对航天器的作用[J]. 现代防御技术, 2007, 35(1): 1-6.

[15] 刘必鎏, 王新波, 汤泽莹, 等. 太空环境对空间信息装备的影响及对策[J]. 航天电子对抗, 2019, 6: 47-51.

[16] 戴国俊, 刘玉庆. 近地太空环境的建模与仿真[J]. 计算机仿真, 2011, 28(11): 26-31.

[17] 宁艳, 王文梅. 太空自然环境影响航天活动[J]. 太空探索, 2020, (8): 1-2.

[18] 门昱. 长寿命卫星空间环境效应数据系统设计与实现[D]. 长沙: 国防科技大学, 2013.

[19] 王立, 张庆祥. 我国空间环境及其效应监测的初步设想[J]. 航天器环境工程, 2008, 25(3): 215-219.

[20] 付莎莎. 基于人工智能的空间环境下航天器故障诊断[D]. 西安: 西安电子科技大学, 2019.

[21] 吴正新. 航天器舱内辐射环境及空间剂量学应用研究[D]. 吉林: 吉林大学, 2020.

[22] 冉凡磊. 空间辐射和微重力对细胞基因组稳定性影响的研究[D]. 福州: 福建农林大学, 2016.

[23] 陈景山. 航天服工程[M]. 北京: 国防工业出版社, 2004.

[24] 邓传明, 于伟东. 太空环境中舱外航天服的外层防护问题[J]. 东华大学学报(自然科学版), 2004, 30(4): 110-116.

[25] 刘四清, 刘静, 师立勤, 等. "神州"五号的空间环境保障[J]. 物理, 2004, 33(5): 359-366.

[26] 肖志军, 管春磊, 李潭秋. 俄美航天服回顾与展望[J]. 航天医学与医学工程, 2011, 6: 460-466.

[27] 寇翠翠. 不同空间环境对舱外航天服性能的影响[D]. 南京: 南京航空航天大学, 2012.

[28] 陈尧, 田寅生, 杜浩, 等. 舱外航天服热控基础科学问题研究进展[J]. 航天医学与医学工程, 2018, 31(4): 476-482.

[29] 陈树刚, 席林斌, 李潭秋, 等. 舱内航天服现状及发展趋势[J]. 载人航天, 2021, 27(6): 779-788.

[30] 李金林, 王海亮, 廖前芳. 舱外航天服主动热控与人舒适性实验研究[J]. 载人航天, 2021,
      27(5): 582-588.

[31] 韩淋. NASA 航天服研发滞缓或导致 2024 年载人登月目标落空[J]. 空间科学学报, 2021,
      41(5): 695.

[32] 李国利, 占康, 黎云. 解码 "飞天" 舱外航天服[J]. 太空探索, 2021, 8: 10-11.

[33] 董荣. 中欧空间科学合作的建立与 "双星计划" 的实施[D]. 合肥: 中国科学技术大学, 2017.

[34] 胡少春, 刘一武, 孙承启. 星际高速公路技术及其在夸父计划中的应用[J]. 空间控制技术与
      应用, 2008, 34(6): 12-17.

[35] 朱光武, 王世金. 日地空间环境探测[J]. 世界科技研究与发展, 2000, 3: 36-38.

[36] 盛峥, 翁利斌, 梅冰. 太空环境探测与预报[R]. 长沙: 国防科技大学, 2018.

第 2 章 太阳与近地空间环境

"即使太阳也有污点。"英国政治家、散文家奥古斯丁·比勒尔如是说!

2.1 太阳及其喷射的电磁辐射/能量粒子

太阳为太阳系中最大的天体,属于银河系 1000 多亿颗恒星之一,表面(光球层以外部分)温度高达 5000~6000K,研究分析中常采用 5900K;太阳的质量组成中,氢占 74%,氦占 24%,其他元素约占 2%,都存在不同程度的电离。太阳年龄约为 45 亿年,预计寿命已过半(氢核聚变为氦,氢消耗完后太阳就会变成白矮星)。如图 2.1 所示,太阳由一核(日核)、两区(辐射区和对流区)、三层(光球、色球和日冕,统称为太阳大气(solar atmosphere))组成,半径约为 $1.74×10^5$km;太阳表面温度 T 及密度 D 与距光球层底高度的关系如图 2.2 所示[1-4],其中,虚曲线表示密度、实曲线表示温度。

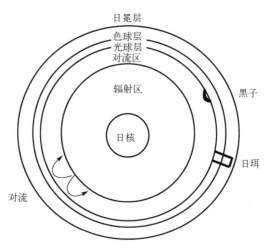

图 2.1 太阳结构组成及相关物理现象发生区域

太阳热量或光谱产生原理为:日核通过核聚变把氢转变成氦,即把四个氢核(质子)转变成带两个质子和两个中子的氦核;中子质量小于质子质量,转变过程质量减少部分转化为能量释放(四个质量为 $6.69048684×10^{-27}$kg$(=4×1.67262171×10^{-27}$kg)的氢原子转变成一个质量为 $6.64465598×10^{-27}$kg 的氦原子,其能量可根据爱因斯坦质能方程 $E = mc^2$ 估算);太阳所有核聚变损失质量转化为约 $3.84×10^{26}$W 能量辐射。

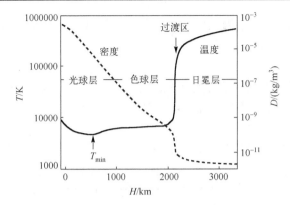

图 2.2　太阳大气温度 T 及密度 D 随高度 H（由光球层向外起算）的变化规律

（1）日核。

日核位于太阳最内层，到太阳中心的距离约为太阳半径的 0.25 倍，温度约为 $1.6×10^7K$，密度大于水的 150 倍；它的热量和密度非常高，所有物质完全电离，并能够维持生成极高能量的热核聚变；每一秒钟，约 400 万吨的氢原子转变为能量，约相当于 $3.84×10^{26}W$；日核是太阳唯一的热能产生区，足够高的热量和密度导致热核反应发生。

（2）辐射区。

辐射区位于约 0.25～0.75 倍太阳半径区域，由高度电离的气体组成，能量主要通过 γ 射线光子散射从日核区传导到辐射区；由于日核和辐射区的高密度，γ 射线光子会发生多次碰撞导致吸收和再发射，碰撞间的行程只有微米量级，能量从日核区到达辐射区约需几十万年。

（3）对流区。

对流区是太阳的最外层区域，从约 0.75 倍太阳半径到可见太阳表面；对流区内部温度约为 $2×10^6K$，表面温度约为 5900K，密度约为 $2×10^{-4}kg·m^{-3}$；对流区温度偏低，并非所有元素都会被电离。对流区表面是太阳能量辐射区域，等离子体包括 70%的氢和 28%的氦以及少量的碳、氮和氧；能量通过辐射从辐射区传递到对流区内部，对流区的温度梯度足以使等离子体通过大量的对流运动从内部运送到对流区表面；当等离子体到达温度较低的对流区表面时，其温度降低并重新流向对流区内部。

（4）光球层。

光球层是太阳表面约 100～500km 厚的可见区域，温度约为 5900K，粒子浓度约为地球海平面大气的 1%；太阳直径一般指到光球层的直径；在光球层可观测到包括太阳黑子(sunspot)、光斑、米粒组织、超米粒组织、波和振动等物理现象。

（5）色球层。

色球层是从光球层延伸到 2000～5000km 的区域，温度比光球层高，约为

10000～50000K；色球层被磁流体动力波和压缩波加热，分别来源于针形日珥(solar prominence)和米粒组织。

(6)日冕层。

日冕层是太阳最外层等离子体大气，可在日全食期间观测到，无确定的外表面；日冕层的等离子体形成太阳风，温度范围约为 $5\times10^5～2\times10^6$K，释放 X 射线，等离子体粒子浓度约为 10^{11} 个粒子/m^3。

从日冕层发出后，经过太阳系空间传播，进入近地空间的太阳光波会被地球大气部分吸收。太阳光谱辐照度(spectral irradiance)(垂直入射到单位面积的单位波长辐射能量)与波长(wavelength)的关系及地球大气的吸收影响如图 2.3 所示：地球大气几乎完全吸收太阳的紫外、X 射线及更短波长辐射光波，也部分吸收可见光和红外辐射。

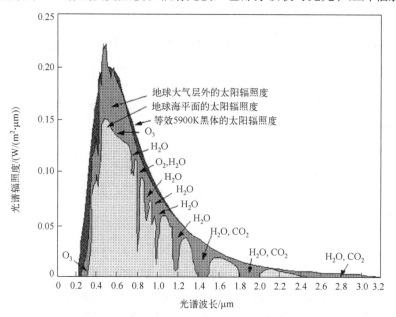

图 2.3　太阳光谱辐照度与波长的关系及地球大气的吸收影响

太阳辐射按球面形式向太阳系投射，太阳系八大行星对应的辐照度(光谱辐照度乘以对应波长)如表 2.1 所示[1-4]。

表 2.1　太阳系八大行星接收的太阳辐照度　　(单位：W/m^2)

行星	平均值	近日点值	远日点值
水星	9116.7	14446.4	6272.4
金星	2610.9	2646.6	2576.0
地球	1366.1	1412.9	1321.6
火星	588.4	716.1	492.1

续表

行星	平均值	近日点值	远日点值
木星	50.5	55.8	45.9
土星	14.88	16.71	13.33
天王星	3.71	4.07	3.39
海王星	1.545	1.545	1.478

此外,太阳还持续向外喷射各种能量的粒子流,如表 2.2 所示。需要注意的是,由于太阳发出的电磁辐射以光速传播,其对近地空间环境的影响远快于速度偏慢的各类型能量粒子。

表 2.2 太阳喷射的粒子流及对应的能量

类型	来源	特点
太阳风(磁化等离子体)	日冕层	H^+能量高达 2keV,电子能量高达 1keV
"低能"粒子	磁重联、耀斑、太阳风暴等	H、He、C、N、O 等离子,能量高达 100keV
"高能"粒子	耀斑、太阳风暴等	能量高达 100MeV,偶尔可达 GeV

2.2 太阳风与地球磁层作用

太阳风是来自于日冕层的等离子体流。地球附近,太阳风温度约为 1.5×10^5K;太阳风的速度与太阳活动情况有关,速度为 300~1000km/s,平均速度约为 400km/s;平均浓度为 1~10 个粒子/cm^3,其成分中约 95%为数量几乎相等的电子和质子,约 4%为氦原子核(α粒子),剩下的为重原子核,整体呈电中性。行星际磁场嵌在太阳风中输运,地球附近行星际磁场强度平均值为 5~10nT;太阳风限制了行星磁场的范围,太阳风粒子的数量、浓度和速度变化可引起磁层顶位置的改变,同时也可引起地磁场的变化如地磁暴(geomagnetic storm)现象,以及粒子沉降大气导致的极光等,见图 2.4;对于具有弱磁场或没有磁场且无大气的天体如月球、火星等来说,太阳风则直接影响天体表面。

空间物理学研究中,经常按照电离度的大小把地球大气分为中性层、电离层和磁层。地球磁层的内边界位于地球表面 600~1000km 以外,磁层的外边界为磁层顶,距地面约 5×10^4~7×10^4km。地球磁层位于地球空间的最外层,太阳风与磁层的相互作用是近地空间环境变化因果链中承上启下的关键环节;当太阳风所带高能带电粒子与磁层产生作用时,在磁层顶上游(沿太阳风来流方向)几个地球半径处,形成了相对于磁层顶静止的弓形激波(bow shock),称为弓激波。我国已研发出高精度、低耗散的全球三维磁流体力学数值模型,成为国际上少数拥有能自洽描述太阳风-磁层-电离层(solar wind-magnetosphere-ionosphere,SMI)耦合系统数值能力的国家之一;相关资源查询参考已有的太阳风数据源(http://omniweb.gsfc.nasa.gov)和已有的太阳磁场概略源(http://gong.nso.edu/)[5-7]。

图 2.4　太阳磁场压缩地磁场

2.3　太阳活动及其对近地空间环境的影响

太阳活动指太阳大气里一切活动现象的总称，由太阳大气中的电磁过程引起，变化周期约为 11 年。表征太阳活动的物理现象包括光球层的米粒组织、超米粒组织、黑子、针状体和光斑；色球层的耀斑和谱斑；日冕层的日珥、冠状结构和物质抛射等。根据观测量的可探测性、实用性及物理表征准确度等，目前，黑子、耀斑、日冕物质抛射(coronal mass ejection，CME)、F10.7cm 射电流量等作为评估太阳活动剧烈程度的使用率较高；一般而言，对应指标数值越高，说明太阳活动越剧烈。

(1)太阳黑子。

黑子(图 2.5)是光球层发生的一种物理现象，具有强磁场，磁通密度(magnetic flux density)为 0.1~0.4T，远高于太阳的平均磁通密度 0.0001T；黑子温度约为

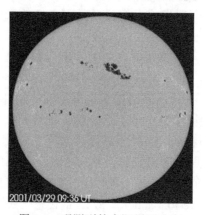

2001/03/29 09:36 UT

图 2.5　观测到的太阳黑子分布

3700K，明显低于周围区域温度 5900K，因此它们在光球层上呈现黑色(辐射量偏小)；典型直径略小于 50000km，寿命大约为几天到数周；成对出现，极性相反，与磁铁类似(图 2.6)[1-4,8]。太阳黑子活动具有周期性变化规律，包括黑子的数量、尺寸、相对位置和极性的变化：黑子通常成对出现在太阳赤道附近 5° 范围内；约每隔 11 年，黑子数量达到高峰，下一次黑子爆发高峰期会伴随磁场极性的颠倒，因此磁场周期约为 22 年。太阳黑子产生原因为：太阳赤道旋转速度快于太阳两极的旋转速度，太阳大气产生剪切、扭转等运动，进而影响对应的磁场分布，产生磁场异常区域。

(2)太阳耀斑。

太阳耀斑指太阳上电磁能突然、快速、强烈释放的物理现象，如图 2.7 所示，常常表现为太阳某个区域的突然增亮。太阳耀斑的典型寿命为 1~2h，其温度可达 $1 \times 10^8 \sim 5 \times 10^8$K，远高于日冕层温度；耀斑释放到太空的粒子几小时或数天后到达地球，会导致极光出现和磁场活动(magnetic activity)，极端情况下也会导致无线电传播和电源输送线路中断[1-4]。

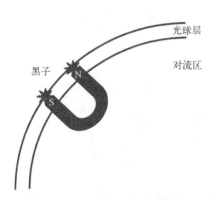

图 2.6　太阳黑子及其电磁极性

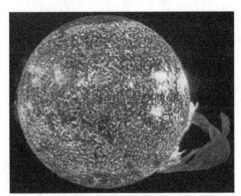

图 2.7　观测到的太阳耀斑

(3)日冕物质抛射。

日冕物质抛射指太阳日冕层中等离子体向外膨胀或喷射的现象，如图 2.8 所示，常常表现为膨胀到太空中的巨人气体扇。日冕物质抛射的等离子体运动速度可达 200km/s，由质子和电子组成的总质量可达 2×10^{13}kg；太阳活动低年，每隔 5~7 天发生一次日冕物质抛射；太阳活动高年，每天发生 2~3 次日冕物质抛射[1-4]。

(4)F10.7cm 射线流量。

从色球层和日冕层以 10.7cm 波长发射的射电强度与太阳活动相关，因此，该测量值经常被用于取代黑子数量以量化太阳活动。射电望远镜采用两架 1.8m 直径天线，波长 10.7cm，半功率波束宽度为 4.2°；10.7cm 观测值按惯例根据射电望远镜进行分类，单位为太阳流量单位 sfu(1sfu = 1×10^{-22}J · s^{-1} · m^{-2} · Hz^{-1})，数据分别以 F10.7cm 流量观测值和 F10.7cm 流量调整值的形式列表给出：前者为实际测量值，

图 2.8　观测到的日冕物质抛射

并随着地球与太阳在一年间的距离变化而变化，用于研究太阳活动对电离层物理学及其他地表现象影响；后者则按比例调整为 1ua 标准距离的值（1ua=1.49597870×10^{11}m），能更好地用于描述太阳活动。图 2.9 给出了 1948～2000 年 F10.7cm 流量调整值的月平均值[1-4]。

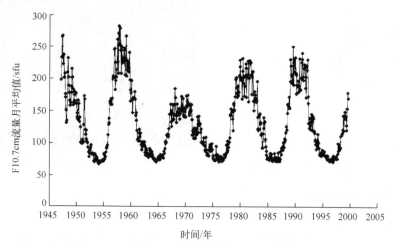

图 2.9　F10.7cm 射电辐射流量调整值的月平均值

　　太阳风对于地球附近的空间环境有着重要的影响，其在近地空间环境产生的能量粒子分布见图 2.10，主要体现为稳定的粒子流及辐射；太阳风暴体现为突然爆发的、剧烈的、高能的粒子流及辐射，对近地空间环境及航天活动的影响相比太阳风严重得多，会引起地磁暴（指地球磁场全球性的剧烈扰动现象，强度以两类地磁指数 K_p 和 Dst 进行表征，其中 Dst 指数一般用于研究，而 K_p 指数一般用于预警）、电离层暴（ionospheric storm）（伴随地磁暴发生，指电离层物理参量相对正常状态产生重大偏离，表征参数包括电子密度、F2 层临界频率及总电子含量等，会严重影响甚至截断依赖电离层传播的短波通信(shortwave communication)、导航定位)等[5,9-15]。

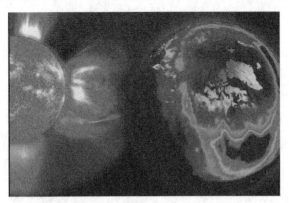

图 2.10　太阳风影响及其在近地空间环境产生的能量粒子分布

太阳风的分析研究手段包括太阳风模拟、太阳活动观测等：近地空间的太阳风参数预报具有重要的科学研究意义和实际应用价值，三维磁流体力学数值模拟是太阳风参数预报的重要手段，能够提供太阳风在日地空间的分布及演化，给出的关键参数包括太阳风速度、数量密度、粒子温度和磁场强度等；主要采用特殊轨道卫星进行太阳观测，现有卫星包括 ACE、WIND 等。模拟数据需与观测数据进行对比以验模，国内已有研究者提出 MHD(magnetohydro dynamics，磁流体动力学)模拟的对比数据(图 2.11)[5]，展现了距太阳 1ua 处太阳风的速度、数量密度、温度及磁场强度对比。

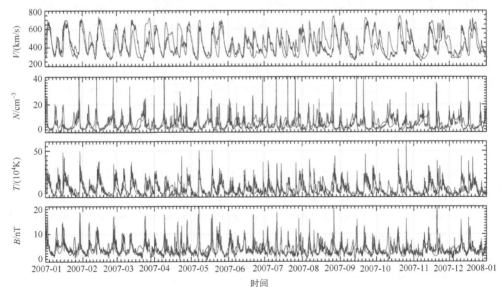

(a) 2007年

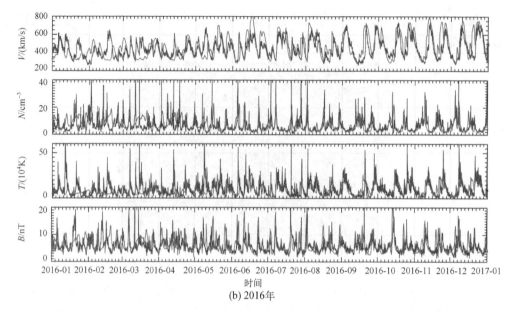

图 2.11　距太阳 1ua 的太阳风模拟值(红线)与观测值(蓝线)的对比(见彩图)

　　太阳活动具有明显的约 11 年太阳黑子周和准 27 天自转周等不同时间尺度的规则变化以及爆发性太阳活动(太阳耀斑和日冕物质抛射)变化。伴随着太阳活动变化，地球电离层参数也表现出相应时间尺度的变化特征。太阳辐射造成的中性大气层部分电离是形成电离层的重要原因，因此电离层 TEC(total electron content，电子浓度总量)的变化很大程度上受太阳活动的影响；电离层是近地大气与外层(exosphere)空间连接的纽带，TEC 是描述电离层形态和结构的重要参数；电离层 TEC 的异常变化对空地无线电通信、卫星导航定位、雷达等电波信号的传播产生重要影响。太阳活动影响电离层 TEC 的规律：太阳活动对全球电离层 TEC 的影响不同步，从高纬至低纬约有 1 天的延迟，且对低纬度的影响远大于中高纬度，影响持续时间可达数天。

参 考 文 献

[1]　李良. 太阳活动与地球的空间环境[J]. 现代物理知识, 2004, 12(5): 33-35.

[2]　艾伦·C·特里布尔. 空间环境[M]. 唐贤明, 译. 北京: 中国宇航出版社, 2009.

[3]　Pisacane V L. The Space Environment and Its Effects on Space Systems[M]. Reston: AIAA Education Press, 2008.

[4]　文森特·L·皮塞卡. 空间环境及其对航天器的影响[M]. 张育林, 陈小前, 闫野, 译. 北京: 中国宇航出版社, 2011.

[5]　杨子才, 沈芳, 杨易, 等. 行星际背景太阳风的三维 MHD 数值模拟[J]. 地球物理学报, 2018,

　　61(11): 4337-4347.

[6]　王合闯. 太阳风系统仿真与关键技术研究[D]. 成都: 成都理工大学, 2012.

[7]　王赤. 太阳风-磁层相互作用的磁流体力学数值模拟研究[J]. 空间科学学报, 2011, 31(4): 413-428.

[8]　丁明德. 太阳磁场和太阳活动[J]. 科学观察, 2020, 15(4): 38-41.

[9]　李涌涛, 李建文, 代桃高, 等. 太阳活动对电离层 TEC 变化影响分析[J]. 空间科学学报, 2018, 38(6): 847-854.

[10]　赵海山, 杨力, 徐世依. 太阳活动高低年电离层 TEC 变化特性分析[J]. 导航定位学报, 2017, 5(1): 24-30.

[11]　罗小荧. 地磁活动指数与太阳活动关系的研究[D]. 昆明: 云南大学, 2015.

[12]　张双虎. "风"与"磁"的博弈——太阳风与磁层相互作用研究成果综述[N].中国科学报, 2011-11-14.

[13]　徐文耀, 杜爱民, 白春华. 地球磁层的磁场模型[J]. 地球物理学进展, 2008, 23(1): 14-24.

[14]　徐文耀. 太阳风-磁层-电离层耦合过程中的能量收支[J]. 空间科学学报, 2011, 31(1): 1-14.

[15]　彭忠. 太阳风-磁层-电离层耦合的全球 MHD 数值模拟研究[D]. 合肥: 中国科学技术大学, 2009.

第 3 章 地磁场及地磁模型

"地磁场像一个巨大的盾牌，保护我们免受太阳风伤害。……因为具有特别的金属内核，年轻的地球才有了磁场。与发电机的原理一样，地核中的流体运动产生电流，电流产生了磁场。"法国地质学会主席帕特里克·德韦弗在其《地球之美：一部看得见的地球简史》著作中如是说！

近地太空物理环境存在磁层、电离层、范·艾伦辐射带（包括南大西洋异常区）、极光等诸多特色鲜明的区域或现象，地磁场的结构、强度及变化无一不在其中扮演重要角色。地磁场研究、应用以及高精度地磁场建模涉及多个领域，侧重点各不相同。本章从地磁场对太空物理环境影响角度，重点阐述地磁场相关特性，包括表征指标、模型、对太空物理环境影响等。

3.1 地 磁 场

3.1.1 地磁场组成

太空物理环境分析与研究中，认为地磁场由磁偶极子磁场（主要由地球外核中的磁流体发电效应产生，规则磁场，约占 99%的地磁场强度，称为主磁场；包括地球外核中的磁流体磁场及地壳中的磁石磁场，变化缓慢，年变化率低于 0.05%）及地球磁层磁场（非规则磁场，受太阳磁暴影响显著，约占 1%的地磁场强度）组成。磁偶极子磁场中心向西偏离地心 500km，磁南极由地磁中心指向格陵兰的图勒（北纬 78.3°、西经 69°），磁北极由地磁中心指向南极洲的东方站（南纬 78.3°、东经 111°），磁矩 μ_{mE} 约为 $8 \times 10^{14} T \cdot m^3$；已有计算及测量结果表明，赤道附近地表的总磁场强度约为 0.03mT，两极附近约为 0.06mT；地球组成结构与地磁场分布如图 3.1 所示，地球内核基本为固态，外核呈液态形式，地幔半径约 6378km，外核半径约 3485km，内核半径约 1215km[1-6]。

Mollweide 投影（即伪圆柱等面积投影）模式的世界地磁强度分布如图 3.2 所示：细实线为经度线，粗实线轮廓线为总地磁场强度线，单位为 nT，轮廓线强度间隔为 2000nT；虚线轮廓线为地磁场强度年变化线，单位为 nT，轮廓线强度间隔为 10nT[1,3,7-10]。此外，需要注意的是，太阳磁场会对距地表 2000km 以上的地磁场分布产生干扰；发生地磁暴期间，该区域地磁场强度变化幅值可达 0.001mT。

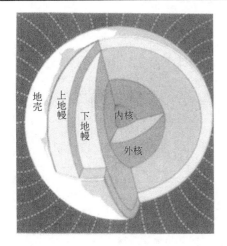

(a) 地球结构

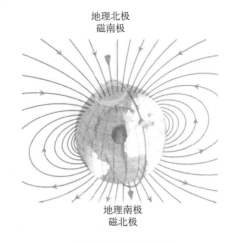

(b) 地磁场与地理南北极

图 3.1　地球组成结构与地磁场分布

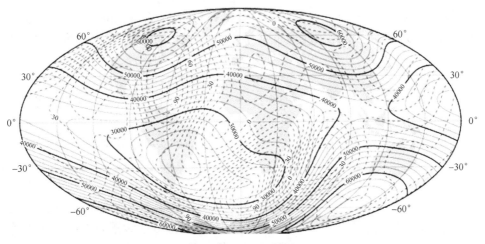

图 3.2　世界地磁图

3.1.2　地磁坐标系

为便于定量分析地球主磁场分布及其对太空物理环境中带电粒子运动演变的影响机理，建立地理及地磁参考坐标系(geomagnetic coordinate system)如图 3.3 所示。图 3.3(a) 为地理坐标系，其为人所熟知的经典定义，此处不再赘述；图 3.3(b) 为地磁坐标系，其以球坐标形式表征的定义为：原点位于地心，Z_m 轴沿地磁偶极子 N 极，与 Z_m 轴垂直的面为地磁赤道面，X_m 轴为 Z_m 轴与地理北极轴所形成平面与地磁赤道的交线(X_m 轴与地理北极轴分列 Z_m 轴两侧)，Y_m 轴位于地磁赤道面并与 X_m 轴和 Z_m 轴形成右手直角坐标系。

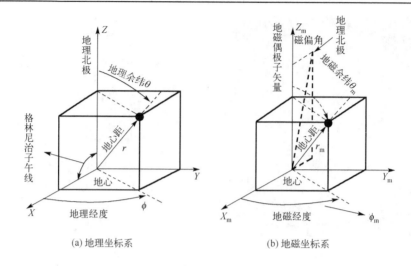

图 3.3　地磁场分析参考坐标系

　　另外，地磁场数值及方向采用地磁要素(geomagnetic elements)进行表征，如图 3.4 所示：$O\text{-}XYZ$ 为 O 点的北天东坐标系，$\boldsymbol{F}$ 为 O 点的地磁场总强度矢量，$\boldsymbol{H}$ 为 O 点的地磁场水平分量，D 为磁偏角($\boldsymbol{H}$ 与 OX 轴的夹角，OX 以东的磁偏角为正，反之为负)，I 为磁倾角($\boldsymbol{F}$ 与水平面 XOY 的夹角，O 点地磁场方向向下为正)。

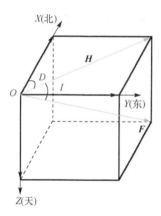

图 3.4　地磁要素及其空间几何

　　一般而言，地磁偶极子场中，带电粒子沿着磁力线运动。因此，为更加直观、方便地分析地磁场构型及其对太空带电粒子运动的影响，麦克伊尔文(McIlwain)于 1961 年建立了著名的 *B-L* 坐标系(图 3.5(a))，据此拟制的地磁场强度半球分布见图 3.5(b)，图中包含 4 类标志线：绕地心的实圆弧表征等地心距、绕地心的虚圆弧表征等磁场强度 B 线、由地球表面发出的射线表征等地理纬度、由地球表面发出并对称回归的圆弧表征磁壳参数 L 线[1,3]。

　　地磁偶极子作用下，太空物理环境中的带电粒子被磁力线束缚，沿着磁力线做螺旋进动。磁壳参数 L 计算为：

$$L = \frac{r}{R_{\mathrm{E}} \sin^2 \theta} \tag{3.1}$$

式中，r 为地心距，θ 为图 3.5(a)中的地磁纬度，R_{E} 为地球半径。

　　B-L 坐标系的优点体现为：主要用于描述地磁偶极子磁场，在用于分析带电粒

子被地磁场捕获后的运动轨迹演变方面效果显著；基于磁偶极子磁场的轴对称性，该坐标系将三维问题简化为二维问题进行分析，即将球坐标(r,θ,φ)简化为(L,θ)。

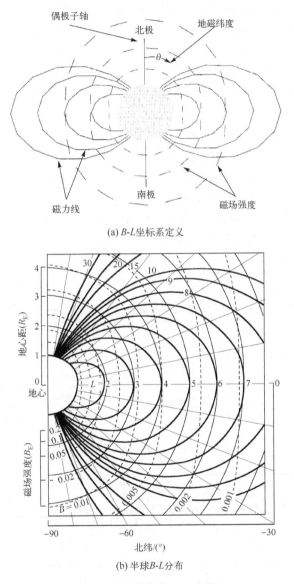

(a) $B\text{-}L$ 坐标系定义

(b) 半球 $B\text{-}L$ 分布

图 3.5　地磁场的 $B\text{-}L$ 表征

3.1.3　地磁指数

地磁指数为对复杂地磁活动进行描述而设计的参数，用于描述分析时间段内地磁扰动强度的一种分级指标或某类磁扰强度的一种物理量，根据分布于全球的地磁台站实测数据综合计算而得。由于地磁活动的复杂性、测站的差异性、探测数据数量不同等，地磁指数多种多样：既有定性描述指数，又有定量或半定量指数；既有简单的分级指数，又有详细的连续指数；既有描述地磁活动总体强度的指数，又有描述某一特定类型地磁变化的指数。总体而言，地磁指数可分为第一类地磁指数和第二类地磁指数，第一类地磁指数注重描述地磁活动总体水平(中低纬度区扰动强度通常用地磁水平分量扰动进行描述)，不考虑磁扰的具体类型和物理成因，一般基于磁静基准线度量磁场变化，采用磁情指数 C 系列、三小时指数 K 系列、等效变幅指数 A 系列等描述[11]。

(1) 单台站的磁情指数 C。

磁情指数 C 为描述一天地磁扰动总体强度而设计，根据单日振幅，用 0、1、2 三个级别来定性描述一天磁扰强度平静、一般扰动和强烈扰动。磁情指数 C 分级粗糙，人为性大，无法描述一日之内短暂扰动变化，需引入时间和分级更为细致、识别和计算更为客观的指数，如国际磁情计数 C_i，它将多个台站的 C 取平均，保留一位小数，得到 0.0～2.0 共 21 级指数。秘鲁万卡约(Huancayo)台站的地磁场强度水平分量 H 及该时间段内的 C_i 指数对比如图 3.6 所示[11]。

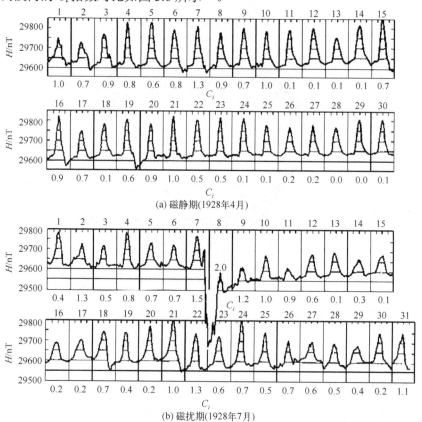

(a) 磁静期(1928年4月)

(b) 磁扰期(1928年7月)

图 3.6　秘鲁万卡约台站的地磁强度 H 分量及 C_i 指数(磁静期和磁扰期)

(2)三小时指数 K 系列。

主要包括 3 类：局地磁情指数 K 为 3h 间隔内地磁 H(或 D)分量的扰动变幅，共分为 10 级(表示为 $0,1,2,\cdots,9$)，不同纬度地磁台站 K 指数与 3h 磁强扰动幅度最小值的对应关系见表 3.1；K_s 即标准化 K 指数，用选定台站做参考频率分布，然后将其余台站指数转换到该频率分布，得到 28 级指数($0_0,0_+,1_-,1_0,1_+,\cdots,9_-,9_0$)；$K_p$ 即三小时行星磁情指数，为选定的 12 个地磁台站 K_s 指数平均，分为 28 级($0_0,0_+,1_-,1_0,1_+,\cdots,9_-,9_0$)[11]。

表 3.1　不同纬度地磁台站 K 指数与 3h 磁强扰动幅度最小值的对应关系　　(单位：nT)

台站	地理纬度	K									
		0	1	2	3	4	5	6	7	8	9
Honolulu	21.3°N	0	3	6	12	24	40	70	120	200	300
Tucson	32.3°N	0	4	8	16	30	50	85	140	230	350
Niemegk	52.1°N	0	5	10	20	40	70	120	200	330	500
Sitka	57.1°N	0	10	20	40	80	140	240	400	660	1000
Gidhavn	69.2°N	0	15	30	60	120	210	360	600	1000	1500

K 指数按半对数关系定级，不便于统计分析和定量计算，可将 K 指数转换为线性变幅指数 a_k(单台站三小时等效幅度，每 3h 取 1 个值)、A_k(每日等效幅度，指单台站一天 8 个 a_k 指数的平均值，每日取一个值)、a_p(行星三小时等效幅度，每 3h 取 1 个值)、A_p(行星等效幅度，指多台 A_k 指数的平均值，每日取一个值)，单位都为 2nT；线性变幅指数可极大地方便统计分析，使日均值 A_p 及由此得到的月均值和年均值等有意义[11]。

地磁场活动中长期(以年为单位)变化规律可基于国际地磁参考场(international geomagnetic reference field，IGRF)模型进行研究，而短期变化规律可采用地磁指数 A_p 进行分析。A_p 数值处于不同范围表征不同的太阳活动状况：$A_p=0$，表征太阳活动处于平静期；$15<A_p<30$，表征太阳活动处于活跃期；$A_p>50$，表征太阳活动处于爆发期。

3.2　地 磁 模 型

简单及初步分析可采用地磁偶极子模型，而系统及详细分析需采用国际地磁参考场、世界地磁场等精确模型[12-14]。

3.2.1　偶极子模型

基于图 3.3(b)所示地磁参考坐标系，磁偶极子的场强计算公式为：

$$B(r_{\mathrm{m}}, \theta_{\mathrm{m}}) = \frac{\mu_{\mathrm{mE}}}{r_{\mathrm{m}}^3}(3\cos^2\theta_{\mathrm{m}} + 1)^{0.5} \tag{3.2}$$

式中，μ_{mE} 为地磁偶极子磁矩，r_{m} 等于地心距 r，θ_{m} 为地磁余纬。

进而，地磁参考坐标系下，磁偶极子表征的地磁场强度分量计算公式为：

$$\begin{cases} B_{r_{\mathrm{m}}} = -\dfrac{2\mu_{\mathrm{mE}}}{r_{\mathrm{m}}^3}\cos\theta_{\mathrm{m}} \\[3mm] B_{\theta_{\mathrm{m}}} = -\dfrac{\mu_{\mathrm{mE}}}{r_{\mathrm{m}}^3}\sin\theta_{\mathrm{m}} \\[3mm] B_{\phi_{\mathrm{m}}} = 0 \end{cases} \tag{3.3}$$

由式(3.3)分析可知，采用地磁偶极子模型表征地磁场作用时，其具有轴对称特性，沿地磁经度的地磁场强度分量为 0。

3.2.2　国际地磁参考场模型

国际地磁参考场由国际地磁与高空大气物理协会提出，用以描述地磁场及其长期变化的球谐模式，每 5 年根据全球台站与在轨卫星测量数据更新一次模型系数。国际地磁参考场模型仅涵盖内部地磁场，适用于中低轨道，即航天器运行轨道高度越低，采用国际地磁参考场模型计算地磁场的精度越高。随着测量数据的丰富，国际地磁参考场模型的级数 n 和阶数 m 逐渐增大，模型精度逐步增高。需要说明的是，到目前为止，外部地磁场模型仍未形成国际标准。

任何有势场都可通过对其势函数求负梯度得到，对于地磁场而言，对应的 n 级 m 阶势函数 V_{mE} 可用多级展开式表示为：

$$V_{\mathrm{mE}} = R_{\mathrm{E}} \sum_{n=1}^{\infty} \sum_{m=0}^{n} P_n^m(\cos\theta_{\mathrm{m}})$$
$$\cdot \left(\left(\frac{R_{\mathrm{E}}}{r_{\mathrm{m}}}\right)^{n+1} (g_n^m \cos(m\phi_{\mathrm{m}}) + h_n^m \sin(m\phi_{\mathrm{m}})) + \left(\frac{R_{\mathrm{E}}}{r_{\mathrm{m}}}\right)^{-n} (A_n^m \cos(m\phi_{\mathrm{m}}) + B_n^m \sin(m\phi_{\mathrm{m}})) \right)$$
$$\tag{3.4}$$

式中，$(g_n^m, h_n^m, A_n^m, B_n^m)$ 为勒让德多项式系数，(g_n^m, h_n^m) 表征地球内部磁场源，(A_n^m, B_n^m) 表征大气层外磁场源；ϕ_{m} 为地磁经度；函数 $P_n^m(\cos\theta_{\mathrm{m}})$ 为勒让德多项式，亦称为施密特函数，具有如下形式：

$$\begin{cases} P_n(x) = \dfrac{1}{2^n n!}\left(\dfrac{\mathrm{d}^n}{\mathrm{d}x^n}(x^2 - 1)^n\right), & m = 0 \\[4mm] P_n^m(x) = \left(\dfrac{2(n-m)!}{(n+m)!}\right)^{1/2}(1-x^2)^{m/2}\dfrac{\mathrm{d}^m}{\mathrm{d}x^m}P_n(x), & m > 0 \end{cases} \tag{3.5}$$

则地磁场分布计算公式为：

$$\boldsymbol{B}_{mE} = -\nabla V_{mE} \tag{3.6}$$

国际地磁参考场(IGRF)模型采用式(3.4)和式(3.6)进行计算，仅包含内部磁场源，系数 (g_n^m, h_n^m) 每5年更新一次。举个例子，IGRF10模型的 $m=n=3$ 对应系数如表3.2所示[1,3,12-14]。

表 3.2　IGRF10 模型的系数(n 取 1～3, $m \leqslant n$)

	$m = 0$	$m = 1$	$m = 2$	$m = 3$
		g_n^m		
$n = 1$	−29556.8	−1671.8		
$n = 2$	−2340.5	−2594.9	1656.9	
$n = 3$	1335.7	−2305.3	1246.8	674.4
		h_n^m		
$n = 1$	0	5080.0		
$n = 2$	0	−2594.9	−516.7	
$n = 3$	0	−200.4	269.3	−524.5

3.3　地磁场影响

(1)地磁场对太空带电粒子的偏转。

地磁场影响太空带电粒子的运动规律，进而影响相应的太空环境特性：地磁场会使太空带电粒子(如太阳风等离子体、太阳质子事件粒子、银河宇宙射线粒子等)偏转，形成如范·艾伦辐射带(包括南大西洋异常区)、磁层、电离层(等离子体层)等特殊环境，影响在轨运行航天器正常工作，包括在航天器表面及内部聚集大量带电粒子(电子、质子、重离子等)产生充放电、基于单粒子效应及总剂量效应影响星上电子等。

地磁场是偏转和俘获带电粒子辐射的重要因素，较大程度上屏蔽了太空辐射粒子与射线对地球生物的致命影响；太空辐射粒子与地磁场、地球中高层大气作用会产生人们日常所见的绚丽极光现象。

(2)地磁场与太阳风(风暴)或太阳磁场作用。

在太阳风(风暴)或太阳磁场作用下，原本对称分布的地磁场(图3.7)将会变形，形成磁鞘及弓形激波(图 3.8)，进而形成含完全电离高能带电粒子的地球磁层(图3.9)[1]：地球磁层为位于地球电离层与行星际磁场(主要为太阳磁场)之间的区域；地球磁层在向阳一侧受太阳风作用被压缩，而在另一侧，磁尾(magnetotail)能够延伸至地球半径的数百倍处；太阳风与地磁场相遇会形成弓形激波，通过弓形激波的传播，太阳风流体速度减慢且方向发生改变，环绕磁层的流体大部分转向进入磁鞘，太阳风中的一些粒子随着地磁场的磁力线进入两极并形成极隙；总体来说，除极隙地带以及太阳活动频繁时期，磁层基本上保护了地球生物不受太阳风的侵袭。

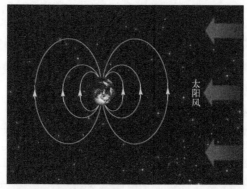

图 3.7　对称分布的地磁场(太阳风作用前)(见彩图)

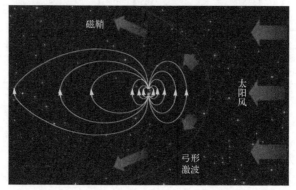

图 3.8　非对称分布的地磁场及磁鞘(太阳风作用后)(见彩图)

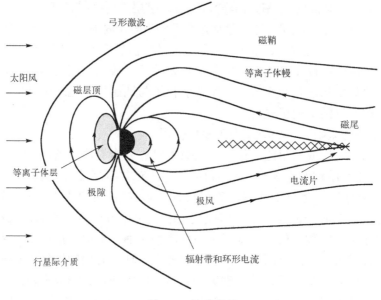

图 3.9　地球磁层

参 考 文 献

[1]　Pisacane V L. The Space Environment and Its Effects on Space Systems[M]. Reston: AIAA Education Press, 2008.

[2]　都亨, 叶宗海. 低轨道航天器空间环境手册[M]. 北京: 国防工业出版社, 1996.

[3]　艾伦·C·特里布尔. 空间环境[M]. 唐贤明, 译. 北京: 中国宇航出版社, 2009.

[4]　徐文耀. 地球电磁现象物理学[M]. 合肥: 中国科学技术大学出版社, 2009.

[5]　白春华, 文耀, 康国发. 地球主磁场模型[J]. 地球物理学进展, 2008, 23 (4): 1045-1057.

[6]　Gvishiani A, Soloviev A. Observations, Modeling and Systems Analysis in Geomagnetic Data Interpretation[M]. Moscow: Geophysical Center of the Russian Academy of Sciences, 2019.

[7]　常宜峰. 卫星磁测数据处理与地磁场模型反演理论与方法研究[D]. 郑州: 信息工程大学, 2015.

[8]　赵希亮, 边刚, 金绍华, 等. 世界地磁场模型 WMM2015 误差分析与评估[J]. 海洋测绘, 2016, 36 (3): 10-15.

[9]　白春华, 徐文耀, 唐国发. 地球主磁场模型[J]. 地球物理学进展, 2008, 23 (4): 1045-1057.

[10]　常宜峰, 种洋, 柴洪洲, 等. 世界地磁场模型精度评价[J]. 武汉大学学报(信息科学版), 2016, 41 (10): 1398-1403.

[11]　徐文耀. 地磁活动指数的过去、现在和未来[J]. 地球物理学进展, 2009, 24 (3): 830-841.

[12]　杨梦雨, 管雪元, 李文胜. IGRF 国际地磁参考场模型的计算[J]. 电子测量技术, 2017, 40 (6): 97-101.

[13]　柴松均, 陈曙东, 张爽. 国际地磁参考场的计算与软件实现[J]. 吉林大学学报(信息科学版), 2015, 33 (3): 280-285.

[14]　王亶文. IGRF 在地磁研究中的应用[J]. 地球物理学进展, 2005, 20 (2): 558-561.

第4章 真空环境及其影响

"自然界厌恶真空。"古希腊亚里士多德如是说!

距地表向上 100km 高度的大气压(atmospheric pressure)比海平面大气压低 6 个数量级,且大气压随着高度的增加持续降低。因此,相对地表而言,太空基本属于真空环境(vacuum environment)。然而,真空环境并非真"空",其中存在大量带电粒子、高能宇宙射线及其他非粒子作用等,会对航天器产生显著影响。本章主要介绍 3 类非粒子作用及其影响:缺少地球大气层保护,太阳紫外线会改变航天器表面材料性质,进而降低其性能;空气介质的超低浓度特性,使航天器外表面与太空环境的热交换以热辐射为主,给航天器的主/被动热控设计引入诸多约束;此外,空气介质的超低压属性,使在轨航天器易发生真空出气现象,导致产生分子污染与微粒污染(particle contamination)(合称为空间污染),显著降低航天器上光学部件、太阳能电池阵、热控涂层等敏感器件的性能。

4.1 真 空 环 境

4.1.1 太阳紫外线

入射太阳光中,约 50%可到达地面(21%不受阻碍穿过地球大气层直接到达、29%通过散射间接到达)、31%被大气层反射、19%被大气层吸收(形成地球红外辐射的主要热源)。臭氧层(ozonosphere)存在于距地表约 20~25km 高度的地球大气层内,将来自太阳的绝大部分紫外线吸收,有效保护了地球生物圈。然而,在轨运行航天器不受地球大气层保护,直接暴露于太阳紫外线辐射中,一定时间累积将使表面材料物理性质改变,进而导致其设计性能降低。

紫外线之所以能改变航天器表面材料物理性质,主要在于其单个光子能量 E(计算公式见式(4.1))大于材料分子间的化学键能(chemical bond energy)(表 4.1),足以使其化学键断裂[1-3]。

$$E = hf = hc / \lambda \tag{4.1}$$

式中,$h \approx 6.63 \times 10^{-34} \text{J} \cdot \text{s}$,为普朗克常数;$f$ 和 λ 分别为太阳光谱频率与波长;$c \approx 3 \times 10^{8} \text{m/s}$ 为光速。

需要补充说明的是,由式(4.1)分析可知,随着入射太阳光谱频率增加,单个光子的能量增大，即 X 射线和 γ 射线单个光子能量大于紫外线，破坏威力更大。然而，太阳光子对航天器表面材料的影响除了能量因素外，还涉及通量因素。在入射太阳光谱中，各主要波长光谱的通量分布约为：紫外线(7%)、可见光(50%)、红外光(42%)、其他(1%)。因此，虽然 X 射线和 γ 射线单个光子能量大，但其通量极低，所以在轨运行航天器主要考虑紫外线的辐射破坏影响。

表 4.1　典型化学材料化学键及其对应的键能与等效入射光线破坏波长

化学材料	化学键	在 25℃的键能		波长/μm
		kcal/mol	eV	
C—C	1 个	80	3.47	0.36
C—N	1 个	73	3.17	0.39
C—O	1 个	86	3.73	0.33
C—S	1 个	65	2.82	0.44
N—N	1 个	39	1.69	0.73
O—O	1 个	35	1.52	0.82
Si—Si	1 个	53	2.30	0.54
S—S	1 个	58	2.52	0.49
C—C	2 个	145	6.29	0.20
C—N	2 个	147	6.38	0.19
C—O	2 个	176	7.64	0.16
C—C	3 个	198	8.59	0.14
C—N	3 个	213	9.24	0.13
C—O	3 个	179	7.77	0.16

注：1kcal=4186.8J。

4.1.2　热辐射传热方式的主体性

对于在轨运行的航天器而言，由于所处环境的真空属性，通过外表面与外太空进行热传导(heat conduction)与热对流(heat convection)几乎不存在，热辐射传热成为唯一方式。因此，在对航天器整体进行热控设计之前，需要先估算航天器外表面平衡温度的大致数值及其变化规律。一般来说，在轨运行航天器表面温度可按吸收太阳热量与通过热辐射方式向外排放热量达到动态平衡进行估算。

不考虑太阳光谱分布特性(distribution characteristic)，航天器从太阳吸收的热量估算值为：

$$Q_{吸} = \alpha_s A_n S \tag{4.2}$$

式中，$Q_{吸}$ 为航天器从太阳吸收热量的估算值，α_s 为航天器表面材料对太阳能的吸收率($0<\alpha_s<1$)，A_n 为垂直于入射太阳光线的航天器表面积，S 为航天器运行轨道的单位面积所能吸收的太阳光通量。

同时，航天器通过热辐射方式向外排放热量，估算值为：

$$Q_{排} = \varepsilon A_{tot} \sigma T^4 \tag{4.3}$$

式中，$Q_{排}$ 为航天器向空间环境热辐射热量的估算值，ε 为航天器表面材料的辐射率（$0<\varepsilon<1$），A_{tot} 为航天器总表面积，T 为航天器表面温度，σ 为斯特藩-玻尔兹曼常数。

令式(4.2)与式(4.3)相等，推导得到航天器表面平衡温度 T_{Eq} 估算值为：

$$T_{Eq} = \left(\frac{\alpha_s}{\varepsilon}\right)^{1/4} \left(\frac{SA_n}{\sigma A_{tot}}\right)^{1/4} \tag{4.4}$$

分析式(4.4)可知，α_s 为可变量。因此，可通过调节 α_s 达到粗略控制航天器表面平衡温度的目的，即为被动热控措施中涂层选型所蕴含的物理机理；同理，如果太空环境对航天器的影响改变了表面材料的 α_s，则会进一步影响航天器表面平衡温度及相应的热控性能。

对航天器表面平衡温度进行深入分析需考虑太阳辐射的光谱分布，如图 4.1 所示。对于在轨运行航天器而言，其表面材料对不同波长太阳光的吸收率各不相同，其综合吸收率计算公式为[1-3]：

$$\alpha_s = \frac{\int \alpha_s(\lambda) S(\lambda) d\lambda}{\int S(\lambda) d\lambda} \tag{4.5}$$

式中，积分符号为对所有波长积分，$\alpha_s(\lambda)$ 为航天器表面材料对 λ 波长光谱的吸收率，$S(\lambda)$ 为 λ 波长光谱的光通量。

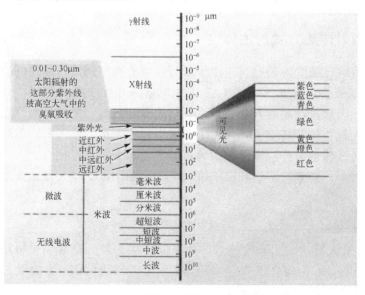

图 4.1   太阳辐射光谱分布(见彩图)

　　NASA 经过多年测量及数据分析，获取几类典型航天器表面材料太阳能吸收率与设计值的偏差随在轨时间的变化如图 4.2 所示[1-3]，图中横坐标单位为年。分析可知：不同运行轨道/在轨姿态/表面材料的太阳能吸收率各不相同；随着在轨时间增加，航天器表面材料吸收率都是增大的，但增大的幅值各不相同。

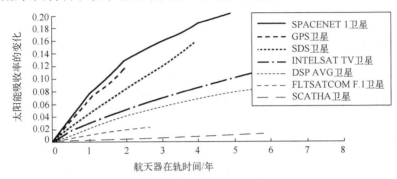

图 4.2　典型卫星的太阳能吸收率随在轨时间变化

4.1.3　真空出气

　　真空出气指真空环境中材料随时间流逝不断释放气体分子，出气速度与暴露在真空中的面积成正比。由于真空出气，航天器表面分子会进入运行轨道，进而随机撞击处于其飞行路径的航天器；如果航天器敏感表面(重点指热控材料、光学部件、太阳能电池阵等)沉积一定厚度的出气分子，其性能就会下降。

　　真空出气机理包括 3 种：解吸、扩散、分解。第一种机理解吸，指从固体或液体中解除所吸收或吸附气体分子。第二种机理扩散，指气体分子从高密度区域向低密度区域移动；除航天器表面污染物外，气体分子可溶解在较大容积的松散结构中并进一步扩散，若分子扩散到与真空接触的表面就会发生解吸。第三种机理分解，为一种化学反应，指化合物分解成两种或多种更简单物质。真空出气以何种机理发生与气体分子能量相关：如果分子具备的能量大于其解吸激活能，则发生解吸出气；如果分了具备的能量大于其扩散激活能，则发生扩散出气；如果分子具备的能量大于其分解激活能，则发生分解出气。需要强调两点：一是不同气体分子的激活能是不一样的，可通过试验测定；二是解吸和扩散是航天器表面材料最常发生的出气机理，其中解吸易于在金属材料表面发生，而扩散易于在有机物材料内部发生，损失的质量更大。

　　航天器表面材料是否会发生真空出气、出气量多少、出气产生的分子污染影响等与材料特性相关，许多研究者对此开展了多年研究[4,5]，其中取得较系统成果的是Walter 教授课题组：梳理了详细的典型航天器材料对应的真空出气数据，包括 18大类(约 8000 种)材料，如黏合剂、绝缘电缆和收缩管、保护涂层、电气元件、电气屏蔽件、薄膜和片材、泡沫、润滑剂、系带和绳索扎带、标记材料和油墨、模塑化合物、颜料/清漆、陶制化合物、天然/人造橡胶、胶条、油脂等。

4.2　真空物理基础

4.2.1　质量损失率计算

真空环境中，航天器表面材料因出气产生的质量损失取决于多种因素，主要包括：设计/制造/运输环境的洁净度（cleanliness）、材料特性、环境/航天器表面温度、时间等。

质量损失率计算公式为[1,2]：

$$\frac{dm}{dt} = \frac{q_0 \exp(-E_a/(RT))}{\sqrt{t}} \tag{4.6}$$

式中，m 为航天器表面材料质量；t 为时间；q_0 为通过实验测定的分子扩散反应常数；E_a 为分子激活能；$R = 8.31J/(mol \cdot K)$ 为普适气体常数；T 为航天器表面材料温度。

分子激活能数值由材料决定，实验测定数据一般为 400～100000kJ/kmol。表 4.2 给出了温度为 273.15K 时污染分子停留时间及解吸分子激活能[1-3]：物理吸附指微粒因范德瓦耳斯力或静电力吸附在物体表面，而化学吸附指通过化学键连接形成黏附；化学吸附的解吸分子激活能远大于物理吸附的解吸分子激活能。

表 4.2　温度为 273.15K 时污染分子停留时间及解吸分子激活能

污染微粒/分子	解吸分子激活能/(kJ/kmol)	停留时间/s
H_2 物理吸附	6276	2.7×10^{-12}
Ar、CO、N_2、CO_2 物理吸附	14644	1.1×10^{-10}
H_2、H_2O 化学吸附	83680	1.7×10^3

分析式 (4.6) 可知：随着时间 t 增加，dm/dt 是逐渐减小的，即航天器表面材料质量损失率与出气时间成反比；随着 T 增加，dm/dt 是逐渐增大的，即航天器表面材料质量损失率与材料温度成正比；随着 E_a 增加，dm/dt 是逐渐减小的，即航天器表面材料质量损失率与分子激活能成反比。因此，可选用 E_a 较大的航天器表面材料以降低真空出气损失，工程中航天器表面材料选型执行的是另一可较好量化的等效标准，将在下面介绍。

进一步，对式 (4.6) 进行出气时间积分，可得 (t_1, t_2) 时间段内航天器表面材料损失量为：

$$\Delta m = 2q_0 \exp(-E_a/(RT))(\sqrt{t_2} - \sqrt{t_1}) \tag{4.7}$$

分析式 (4.7) 可知，虽然 $\mathrm{d}m/\mathrm{d}t$ 随着 t 增加而逐渐减小，但总质量损失 Δm 随着 t 增加而增加。

4.2.2　航天器附近的出气密度估算

当分析航天器敏感器件遭受分子污染程度时，航天器附近的出气密度估算具有必要性。设定航天器为球形且离开航天器表面的污染分子相互之间不发生碰撞而仅与附近空气分子碰撞，则航天器附近的出气分子密度 n_p（单位为分子数/m³）、压力 p_p（单位为 N/m²）和通量 ϕ_p（单位为分子数/$(\mathrm{s} \cdot \mathrm{m}^2)$）估算值为：

$$\begin{cases} n_\mathrm{p} = \dfrac{N_\mathrm{p}}{4\pi v_D (R+x)^2} \exp\left(-\dfrac{v_D + v_0}{v_D}\dfrac{x}{\lambda_0}\right) \\[3mm] p_\mathrm{p} = n_\mathrm{p}kT = \dfrac{N_\mathrm{p}kT}{4\pi v_D (R+x)^2} \exp\left(-\dfrac{v_D + v_0}{v_D}\dfrac{x}{\lambda_0}\right) \\[3mm] \phi_\mathrm{p} = n_\mathrm{p}v_D = \dfrac{N_\mathrm{p}}{4\pi (R+x)^2} \exp\left(-\dfrac{v_D + v_0}{v_D}\dfrac{x}{\lambda_0}\right) \end{cases} \tag{4.8}$$

式中，N_p 为单位时间出气的污染分子数目（可基于分子类型及式 (4.6) 进行计算，单位为分子数/s），R 为航天器半径，x 为相距航天器的径向距离，v_D 为出气分子的热运动速度，v_0 为航天器速度，$k(=1.38\times10^{-23}\,\mathrm{J/K})$ 为玻尔兹曼常数，λ_0 为周围环境分子的平均自由程（为轨道高度的函数）。

4.3　真空环境影响

航天器整个寿命周期（包括分系统研制、航天器集成、分系统和总体测试、发射、在轨任务和返回等阶段）中，其敏感器件表面都可能沉积气体分子或微粒，需要维持相应的洁净水平。

沉积在航天器表面的气体分子或微粒会导致表面热学和光学特性（如光谱透射率、反射率和吸收率）改变，进而降低其相应工作性能；此外，航天器表面污染物可与太空环境相互作用，进一步导致敏感表面性能再次受损。因此，对于航天器表面，一般需要进行四类分析：对污染的敏感性、作为潜在污染源的可能性、可能的被污染程度、因污染引起的性能下降程度。总体来说，需重点关注航天器敏感表面的分子污染与微粒污染影响；此外，真空冷焊 (vacuum cold welding) 也是真空环境下航天器活动部件经常碰到的问题。

4.3.1　分子污染

航天器表面材料真空出气是否能对敏感表面形成分子污染取决于 3 个因素：真空出气产生在轨分子、分子在轨运动沉积于敏感表面、分子沉积于敏感表面的时间。

1) 真空出气产生在轨分子

是否发生真空出气并产生在轨分子的关键在于航天器表面材料属性。为尽量避免或减少真空出气产生在轨分子，航天器表面材料选型时，NASA 建议材料必须达到 ASTM E595-77/84/90 标准才允许在太空环境中使用。该标准主要包括两个关键指标[4-6]：总质量损失(TML)小于 1%、收集的可凝挥发性物质(collected volatile condensable materials，CVCM)小于 0.1%。TML 表示从特定材料样品中释放出的气体与初始样品质量的百分比；CVCM 表示样品释放的气体凝结到收集板上质量与初始样品质量的百分比，用于描述可能在低温界面(如光学和热控表面)凝结的物质。此外，水蒸气回收(water vapor regained，WVR)也是一个常用指标，用于度量暴露在潮湿环境中材料的水蒸气吸收量。需要注意的是，WVR 不是航天器材料选型(spacecraft material selection)所必须依据的数据，但可为制造过程中材料干燥和烘干需求提供参考。材料的 TML、CVCM、WVR 性能测试方法如表 4.3 所示。

表 4.3 材料的 TML、CVCM、WVR 测试方法

航天器材料 选型参数	TML	CVCM	WVR
测试方法	测试条件为压力小于 7×10^{-3}Pa、温度 125℃、暴露 24h，测量质量损耗	TML 测试后，取走剩余材料，然后维持 25℃ 恒温，测试容器内所凝结质量	测试条件为温度 23℃、相对湿度 50%、暴露 24h，测量质量增量

2) 分子在轨运动沉积于敏感表面

分子在轨运动是否沉积于航天器敏感表面主要取决于两个因素[1-3]：一是敏感表面与出气面之间空间几何是否满足视线传播路径需求；二是如不满足视线传播路径需求，则是否存在非视线传播的可能性。

(1) 视线传播。

航天器敏感表面某一点的分子污染速率与所有可能出气源的出气速率、该点与各出气源之间的空间几何相关(采用几何视角因子 φ 进行表征，其实质为一概率函数)。通过选取出气源微元 dA_1 与敏感表面微元 dA_2(微元内各点物理参数假设完全一致)，其空间几何描述见图 4.3，则 φ 计算公式为：

$$\varphi = \iint \frac{\cos\theta\cos\phi}{4\pi r^2}dA_1 dA_2 \tag{4.9}$$

采用式(4.9)进行几何视角因子计算存在两个基本假设：沿出气源微元法向出气概率为 1，其余方向概率为 $\cos\theta$；沿敏感表面微元法向相反方向入射被其吸附的概率为 1，其余方向入射被吸附概率为 $\cos\phi$。此外，由式(4.9)分析可知，给定航天器表面材料，降低敏感面被出气分子污染的途径主要有两种：一为增大 r，敏感面远离出气面；二为减小 $\cos\theta\cos\phi$，敏感面与出气面尽量平行。

(2) 非视线传播。

然而，即便敏感面不位于出气源的视线传播路径，它仍有可能被分子污染，称之为非视线传播分子污染。非视线传播分子污染主要存在两种可能性：其一，污染源通过出气在某一中间物体表面形成污染，中间物体再通过解吸将污染分子传递到其视线内的敏感表面；其二，由于等离子体环境作用，航天器表面带负电荷，如果出气后的污

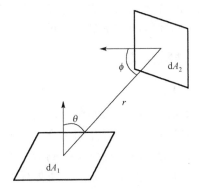

图 4.3　出气源微元与敏感表面微元之间的空间几何

染分子在航天器邻近区域被电离，则污染分子很可能由于电场力作用被重新吸附到航天器敏感面。

3) 分子沉积于敏感面的时间

出气分子撞击航天器敏感面，大多数情况下不会发生弹性散射，而是沉积于该表面；随后，当污染分子获得足以摆脱敏感面吸附力的能量后，就脱离敏感面。污染分子获得能量的方式主要为敏感面热能的热传导，与敏感面温度密切相关；污染分子平均停留时间 τ 为物体表面温度 T 的函数，计算公式为：

$$\tau(T) = \tau_0 \exp(E_a / (RT)) \tag{4.10}$$

式中，τ_0 为 T 取无穷大对应的停留时间，与污染分子属性相关。

图 4.4 给出了 4 种不同激活能(5kcal/mol、10kcal/mol、15kcal/mol、20kcal/mol)分子在航天器敏感表面停留时间与表面温度的关系[1-3]，分析可知：同样表面温度下，分子激活能越大，其在敏感面停留时间越长，污染越严重；同样分子激活能下，敏感面温度越高，热传导传递给污染分子能量越多，分子在敏感面停留时间越短，污染越轻微。

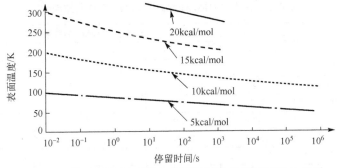

图 4.4　污染分子停留时间与表面温度及分子激活能的关系

一般来说，如果表面温度维持在室温，则大多数航天器吸附的污染分子停留时

间极短；但特殊低温表面，如光学器件的镜面、超导载荷等，污染分子停留时间较长，会使其性能严重下降，需重点关注。

4.3.2　微粒污染

航天器加工、制造、转运、发射等过程中，一些微小颗粒不可避免地会沉积到其裸露表面，造成航天器污染；随后，这些微粒在轨解吸并沉积于航天器敏感面，产生比出气分子更大尺寸的污染。需要明确的是，微粒污染与分子污染的产生机理存在显著区别：微粒污染是在制造、测试、发射等过程中吸附外在微粒形成的；微粒污染与航天器整个寿命周期所处环境的空气质量直接相关。

因此，减轻微粒污染需重点关注两类洁净度指标：一为洁净室(clean room)的洁净度，用于表征航天器部件、系统等加工与测试的环境需求；二为材料表面微粒污染的洁净度，用于表征航天器分系统、元器件等表面所吸附微粒的浓度，可对标于在轨解吸并形成的污染水平。

1)洁净室的洁净度

NASA 的洁净室洁净度由 ISO-I4644-1 标准定义，主要根据污染物浓度进行划分，要求对污染物较敏感的航天器的研发与测试需在相适应洁净度等级的洁净室完成。洁净室的洁净度定义为：

$$C_n = 10^n \left(\frac{0.1}{D} \right)^{2.08} \tag{4.11}$$

式中，D 为以 0.1μm 为基本单位的微粒尺寸，n 为国际标准化组织(International Organization for Standardization，ISO)规定的洁净度 1~9 等级，C_n 为单位立方米中尺寸大于等于 D 的微粒的最大允许数(需四舍五入为整数)。

基于式(4.11)计算，得到洁净度 1~9 等级对应的微粒尺寸及允许的最大微粒数如表 4.4 和图 4.5 所示[1-3]。

表 4.4　洁净室的洁净度等级及对应的最大微粒数

洁净度等级	每立方米中大于等于指定尺寸 D 的最大微粒数					
	D=0.1μm	D=0.2μm	D=0.3μm	D=0.5μm	D=1μm	D=5μm
1	10	2				
2	100	24	10	4		
3	1000	237	102	35	8	
4	10000	2370	1020	352	83	
5	100000	23700	10200	3520	832	29
6	1000000	237000	102000	35200	8320	293
7				352000	83200	2930
8				3520000	832000	29300
9				35200000	8320000	293000

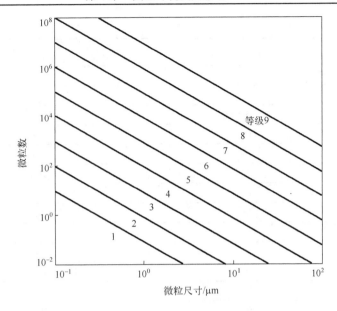

图 4.5 洁净室的洁净度等级及对应的微粒数

2) 材料表面微粒污染的洁净度

NASA 的材料表面微粒污染洁净度由 IEST-STD-CC1246D 标准定义，其为 MIL-STD-1246 标准的修订版。材料表面微粒污染的洁净度定义为：

$$\lg N_x = 0.926(\lg^2 L - \lg^2 x) \tag{4.12}$$

式中，x 为微粒的最大线性尺寸（单位为 μm），N_x 为每 $0.1m^2$ 中尺寸大于等于 x 的微粒数目，L 为洁净度等级。

基于式 (4.12) 计算，得到洁净度对应的参考微粒尺寸及允许的最大微粒数如表 4.5 和图 4.6 所示[1-3]。需要注意的是，每一类标准都对应几种参考微粒尺寸，允许的微粒最大尺寸对应的最大数目以 1 进行起算。

表 4.5 材料表面微粒污染洁净度等级及对应的最大微粒数

等级	参考微粒尺寸/μm	每 $0.1m^2$ 表面 所允许尺寸大于等于参考微粒的最大数目
1	1	1.0
5	1	2.8
5	2	2.3
5	5	1.0
10	1	8.4
10	2	6.9
10	5	3.0

等级	参考微粒尺寸/μm	每 0.1m² 表面 所允许尺寸大于等于参考微粒的最大数目
10	10	1.0
25	2	53.1
25	5	22.7
25	15	3.4
25	25	1.0
50	5	166
50	15	24.7
50	25	7.3
50	50	1.0
100	5	1748
100	15	265
100	25	78.4
100	50	10.7
100	100	1.0
200	15	4188
200	25	1240
200	50	170
200	100	15.8
200	200	1.0
300	25	7454
300	50	1021
300	100	95
300	250	2.3
300	300	1.0
500	50	11816
500	100	1100
500	250	26.4
500	500	1.0
750	50	95806
750	100	8919
750	250	214
750	500	8.1
750	750	1.0
1000	100	42658
1000	250	1022

续表

等级	参考微粒尺寸/μm	每 0.1m² 表面 所允许尺寸大于等于参考微粒的最大数目
1000	500	38.8
1000	750	4.8
1000	1000	1.0

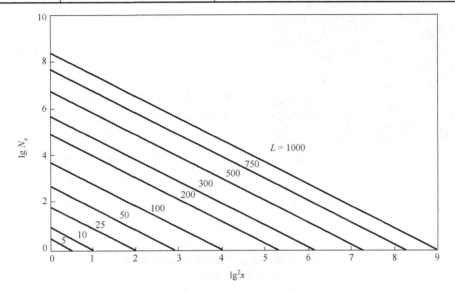

图 4.6　材料表面微粒污染洁净度等级及对应的微粒数

4.3.3　真空冷焊

真空冷焊效应[7,8]：当航天器处于真空环境时，其运动部件的表面处于原子清洁状态，清洁、无污染金属接触面间原子键结合会造成黏附现象。此外，金属活动部件间过度摩擦造成凸点处局部焊接，导致金属撕落、转移，并进一步造成接触面粗糙度增加的现象也属于真空冷焊效应。由于金属接触面间的黏附、卡住等现象造成的航天器机械故障时有报道，知名的伽利略木星探测器 1 号(图 4.7)，其高增益雷达天线的 3 根肋条因为冷焊效应未完全展开，导致工作性能大幅下降。真空冷焊现象主要发生于运动金属部件间，国内外针对金属材料及典型工程结构开展了大量试验研究[7,8]：材料试验主要针对铝、铜、不锈钢、钨硬质合金等，试验中对这些材料进行不同的排列组合配对，在不同的试验条件下对不同的配对材料发生冷焊现象进行研究；典型工程结构试验主要针对航天器常用的电磁阀和继电器结构，通过提高它们的工作频率进行加速寿命试验，研究它们在设计寿命的动作次数之内发生黏附的规律、达到设计动作次数后接触面的磨损情况，以改进工程设计及提高可靠性，为保证设计寿命提供试验依据。

图 4.7　伽利略木星探测器 1 号（见彩图）

冷焊试验涉及的主要因素包括：环境压力、试件温度、试验接触面的法向压强、试验表面光洁度及试件两接触面间相对运动等；航天器在轨运行所处环境压力变化范围较大，试验中一般取 $6.70 \times 10^{-11} \sim 1.33 \times 10^{-6}$Pa；试件温度一般取 90～260℃，接触面间法向压强一般取 0～700N/cm²。图 4.8 给出了撞击模式下不同配对材料的黏附力（adhesion force）数值对比[7,8]，分析可知：撞击时，黏附力会使材料相互焊接，含镍（SS17-7PH）不锈钢和铝合金（AL7075）具有较高黏附力、钛合金（Ti-IMI318）具有中等黏附力、轴承钢（AISI52100）的黏附力较低；撞击模式下，通过在活动金属表面覆以涂层可较好降低黏附力，"不锈钢+TiC 硬涂层"的黏附力降低，"不锈钢+固体润滑剂 MoS₂ 软涂层"可在撞击过程中自我修复，防止黏附比较有效。

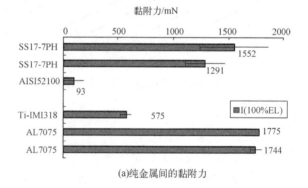

(a)纯金属间的黏附力

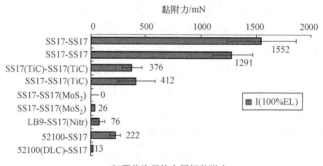

(b)覆盖涂层的金属间黏附力

图 4.8　撞击模式下配对材料的黏附力数值对比（见彩图）

EL(elastic limit)表示弹性约束；I 表示碰撞

　　图 4.9 给出了磨损模式下不同配对材料的黏附力数值对比[7,8]，分析可知：磨损时，产生比撞击模式更大的黏附力使材料相互焊接；磨损模式下，涂层改进效果有限，MoS_2 润滑效果较快消失；铝的硬质阳极氧化处理可防止磨损，但会形成较多碎屑，从而形成微粒污染；钛合金的硬涂层和固体润滑剂会被破坏，仅存中等黏附力。因此，对于面临磨损情况的运动机构，需从基底材料开展设计。

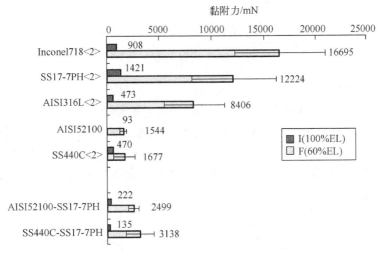

(a) 纯金属间的黏附力

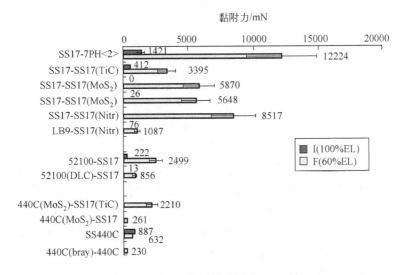

(b) 覆盖涂层的金属间黏附力

图 4.9　磨损模式下配对材料的黏附力数值对比 (见彩图)

EL 表示弹性约束；I 表示碰撞；F 表示摩擦

4.4　设计分析策略

真空环境对航天器敏感面产生分子与微粒污染，主要影响热控、光学器件、太阳能电池阵等的性能。随着污染物沉积厚度增加，对应的太阳能吸收系数 α_s^x 增大，计算公式为[1-3]：

$$\alpha_s^x = \frac{\int \left\{1 - R_s(\lambda)\exp\left[-2\alpha_s(\lambda)x\right]\right\}S(\lambda)\mathrm{d}\lambda}{\int S(\lambda)\mathrm{d}\lambda} \tag{4.13}$$

式中，x 为污染物厚度，$R_s(\lambda) = 1 - \alpha_s(\lambda)$。

由式(4.13)分析可知，随着 x 增大，α_s^x 增大，航天器表面平衡温度增高。图 4.10 给出了 3 种热控材料的太阳能吸收系数与污染物厚度的关系[1-3]，分析可知：随着时间增加，污染物厚度增加，α_s^x 持续增大；不同材料的 α_s^x 不同，污染物厚度增加的增长率也各不相同，同等污染物厚度下光学太阳反射镜(optical solar reflector，OSR)的太阳能吸收率较低。

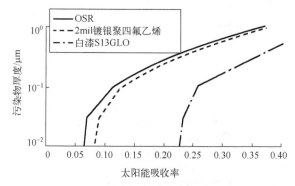

图 4.10　太阳能吸收率与污染物厚度及材料属性的关系
1mil=10^{-3}L

光学部件如镜头、平面镜或焦平面阵列上沉积的污染物薄层，会使探测器的信噪比降低；如果污染物过厚，传感器会丧失功能；对于需保持在低温条件的红外传感器，光学部件可通过加热使表面污染物蒸发，部分解决该太空污染(space contamination)问题，但需注意焦平面所承受温度循环次数有限。此外，太阳能电池输出功率也受污染影响，其效率随污染物厚度增加而降低，GPS Block I 太阳能电池输出功率衰减曲线如图 4.11 所示[1-3]。

(1)污染物厚度测量与清除。

污染物厚度测量分为地面试验测量与在轨实时监测两类：地面试验测量主要采用化学物品(如 75%三氯乙烷和 25%乙醇混合成的清洗剂)进行清洗及蒸馏处理等；

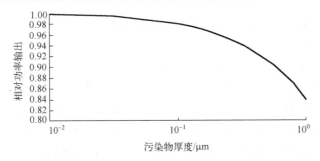

图 4.11　GPS Block I 太阳能电池相对功率输出与污染物厚度的关系

在轨实时监测可采用热量计(即在一定温度范围内可调的热敏电阻)对在轨运行热控材料性能降低程度(太阳能吸收系数 α_s 增大以表面材料平衡温度升高体现)进行测量，通过材料热平衡温度与表面污染厚度的经验公式进行污染物厚度推算；此外，在轨实时监测也可采用石英晶体微量天平进行测量，其测量基本原理为把一块石英晶体暴露在太空环境中，而另一块封闭起来，当暴露的石英晶体表面有沉积物时，其共振频率就会发生改变，通过检测对比共振频率的变化，可推算出表面沉积物的质量，进而计算出其厚度。

　　减轻微粒污染的途径包括日常维护与定期清除。日常维护中，灵敏设备储存时一般表面向下，以最大限度地减小微粒的沉积。微粒物的清除手段一般有两类：化学清洗，可清除物体表面大多数的污染物微粒，但对光学表面不适用；非接触清洗，可克服微粒与物体表面之间的黏附力，一种简单的常用方法为向物体表面吹气。

　　(2)经验策略与分析工具。

　　对于真空环境影响的应对，常用策略如表 4.6 所示。

表 4.6　常用真空环境影响应对策略

材料选择	材料预处理	结构拓扑	余量保证
选择空间稳定性较好的材料和涂料	安装到航天器之前先将材料进行真空烘干	出气材料远离敏感物体	允许在轨运行时热/力/光学特性有所降低

　　目前，可用于真空环境及其影响的分析工具包括：CONTAM/TRICONTAM，用于计算推进系统羽流的数字仿真模型；SOCRATES，采用蒙特卡洛方法对航天器释放的污染物进行仿真；MOLFLUX，用于分析国际空间站污染。

参 考 文 献

[1]　艾伦·C·特里布尔. 空间环境[M]. 唐贤明，译. 北京: 中国宇航出版社, 2009.

[2]　Pisacane V L. The Space Environment and Its Effects on Space Systems[M]. Reston: AIAA Education Press, 2008.

[3]　文森特·L·皮塞卡. 空间环境及其对航天器的影响[M]. 张育林, 陈小前, 闫野, 译. 北京: 中国宇航出版社, 2011.

[4]　Walter N A, Scialdone J J. Outgassing Data for Selecting Spacecraft Materials[M]. Greenbelt: NASA Reference Publication, 1997: 1-444.

[5]　Anwar A, Elfiky D, Hassan G, et al. Outgassing effect on spacecraft structure materials[J]. International Journal of Astronomy, Astrophysics and Space Science, 2005, 2(4): 34-38.

[6]　Scialdone J J. Self-contamination and environment of an orbiting spacecraft[R]. Greenbelt: NASA, 1972.

[7]　汪力, 闫荣鑫. 超高真空环境冷焊与防冷焊试验现状与建议[J]. 航天器环境工程, 2008, 25(6): 558-564.

[8]　Merstallinger A, Sales M, Semerad E, et al. Assessment of Cold Welding between Separable Contact Surfaces due to Impact and Fretting under Vacuum[M]. Noordwijk: ESA Communication Production Office, 2009.

第 5 章　中性大气环境及其影响

"地球是人类的摇篮。然而，人类绝不会永远躺在这个摇篮里，而会不断探索新的天体和空间。首先，人类将小心翼翼地穿过大气层，然后征服整个太阳系。"现代宇宙航行学的奠基人、俄罗斯航天之父康斯坦丁·齐奥尔科夫斯基如是说!

中性大气是 LEO 航天器在轨运行所遭遇的特有空间环境。LEO 的中性气体十分稀薄，无法维持人类的生命活动，但长时间作用足以对轨道上约 8km/s 速度飞行的航天器造成重大影响。中性大气分子既可通过撞击动能对航天器产生机械作用，也可通过化学反应特性对航天器产生化学作用。

5.1　中性大气环境

地球大气指被地球引力场和磁场所束缚，包裹着固体地球和水圈的气体层；地球大气主要集中在 0～50km，约占大气总质量的 99.9%；高度大于 100km 的空间仅占 0.0001%左右。

5.1.1　地球大气的分层结构

通过分层，可以对地球大气开展更加具体细致的分析研究。目前，地球大气的分层一般采用 3 种策略：按温度随高度的垂直分布分层，分为对流层(troposphere)、平流层(stratosphere)、中间层(mesosphere)、热层(thermosphere)及外层；按大气成分均一性质分层，分为均质层、非均质层；按大气的电离程度分层，分为中性层、电离层、磁层。本节重点介绍前两类分层策略及各层特性，其基本情况如图 5.1 所示[1-3]。需要注意的是，图 5.1 中纵坐标指大气分子温度，而不是对应高度的环境温度；此外，温度随高度的垂直分布分层存在一个层顶的概念，如图 5.2 所示[1-3]。

1) 温度随高度的垂直分布分层

温度随高度的垂直分布分层需重点关注 3 个问题：分层的依据？各层内温度变化规律及原因？各层的大致高度区间？

(1) 对流层。

定义：从地面向上至温度出现第一极小值所在高度的大气层。

层内热量来源：主要来源于地球表面的热辐射，因此，随着距地表高度增加，温度逐渐下降。

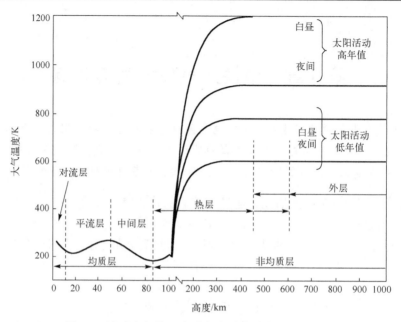

图 5.1　地球大气的温度随高度垂直分布及对应分层

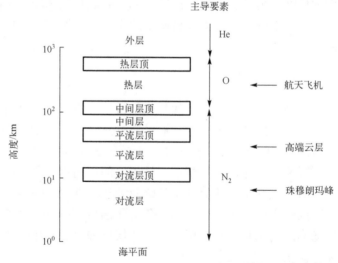

图 5.2　地球大气分层的层顶、主导要素及典型物景与距地表高度的关系

特点与大致高度区间：层内组分近似一致；层内温度随高度增加均匀下降，温度递减率约 6.5K/km；层顶高度从极地到赤道逐渐倾斜，极地层顶高度约 6～8km，赤道层顶高度约 16～18km。

（2）平流层。

定义：从对流层顶以上至温度出现极大值所在高度的大气层。

层内热量来源：主要来源于平流层顶臭氧层吸收太阳紫外线后向外热辐射的能量。

特点与大致高度区间：大气无上下对流，只有水平方向的流动；层内温度随距地表高度增加而升高；平流层顶的高度约 50km，平均气温约 273K。

(3) 中间层。

定义：从平流层顶以上至温度出现第二极小值所在高度的大气层。

层内热量来源：主要来源于平流层顶臭氧层吸收太阳紫外线后向外热辐射的能量；中间层没有臭氧，主要成分为氮气和氧气，所能吸收的波长更短的太阳辐射已大部分被上层大气所吸收。

特点与大致高度区间：层内温度随距地表高度增加而下降；由于中间层所处高度超出气球(飞机)的极限高度，又低于航天器近地点的极限高度，因此这一区域曾被长期忽略，被戏称为"被忽略的地带"，随着临近空间飞行器概念的提出，目前这一区域成为研究热点；中间层顶的高度约 85km，平均温度约 190K。

(4) 热层。

定义：从中间层顶以上大气温度重新急剧升高，直至包含一部分温度不再随高度变化的大气层。

层内热量来源：主要来源于太阳远紫外线(波长小于 200nm)电离大气分子并放热。

特点与大致高度区间：先急剧升温再恒温，升温机理为大气分子电离放热，但随着距地表高度增加，大气分子密度逐渐降低，达到一个温度平衡状态；热层顶高度和温度受太阳活动影响大，其高度区间为 400~700km，温度区间为 500~2100K。

(5) 外层(亦称逃逸层)。

定义：热层顶以上的等温大气层。

层内热量来源：太阳辐射电离大气分子并放热达到平衡。

特点与大致高度区间：低层主要分子成分为原子氧，中高层主要为氦、原子氢；太阳活动对外层有较大影响；原子氢和氦的质量较小，且具有一定能量，有时会脱离地球引力场，逃逸到外空间，因此外层亦称逃逸层。

2) 大气成分均一性质分层

大气成分是否均一可按该层大气的平均摩尔质量(average molar mass)进行判断分析，各高度区间大气成分的平均摩尔质量估算如表 5.1 所示[1-3]，基此估算数据进行分层，包括均质层和非均质层。

表 5.1　各高度区间大气成分的平均摩尔质量

距地表高度/km	0	120	200	500	1000
平均摩尔质量/(g/mol)	28.96	26.90	23.51	16.19	6.23

(1)均质层。

从地面至约 90km 高度的大气层，包含对流层、平流层和中间层：大气成分基本恒定，平均摩尔质量为常数。

(2)非均质层。

均质层顶之上，大气成分随高度有明显变化的大气层，包含热层和外层：下部主要成分为氮气、原子氧和氧气，上部主要成分为原子氧、氦和原子氢；平均摩尔质量随高度增加而降低。

5.1.2　太阳活动对地球大气的影响

如第 2 章所述，太阳的基本结构包括 4 部分，由内向外依次为：日核、辐射区、对流区、太阳大气。其中，太阳对地球大气的影响主要体现为太阳大气影响，其又可细分为：光球层、色球层和日冕层。太阳是决定地球中高层大气物理性质的最主要因素[4]，太阳大气对地球大气的影响可由图 5.3 进行表征：地球大气吸收波长小于 0.3μm 的太阳光线(紫外线、X 射线、γ 射线)，太阳光线会加热、电离地球大气，改变其温度与数量密度等。

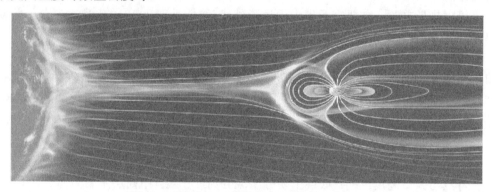

图 5.3　太阳大气对地球大气的影响(见彩图)

经过多年研究与发展，目前一般采用较易测量的太阳黑子数和波长 10.7cm(对应频率为 2800MHz)的射电辐射通量表征长期太阳活动的剧烈程度：太阳极端紫外(extreme ultraviolet，EUV)辐射是地球电离层的主要辐射源，然 EUV 不能穿透地球中高层大气(被大气层吸收)，地面较难观测到 EUV 辐射，缺乏对 EUV 辐射的长期连续观测，因而常用地面可较易观测的太阳 10.7cm 射电辐射通量来等效表征太阳 EUV 辐射；低轨卫星轨道预报需用高层大气模型计算大气密度，而主流大气模型的一个重要输入参数为太阳 F10.7cm 射电辐射通量。太阳黑子数的变化范围约 50～150，分别表示太阳活动低年与高年；F10.7cm 射电辐射通量的单位为 $10^{-22}W/m^2$，F10.7cm 值变化范围为 50～240，同样分别表示太阳活动低年与高年。

太阳活动高年、低年时，地球中高层大气分子的数量密度存在较大差别：高度越高，差别越大。不同太阳活动情况（75<F10.7<225）、不同轨道高度（200km、400km、600km、800km）的大气分子数量密度与参考点数据（F10.7=100）的比值如图 5.4 所示[1-3]，分析可知：太阳活动越剧烈，密度比值越大；轨道高度越高，地球大气分子数量密度受太阳活动影响越大。

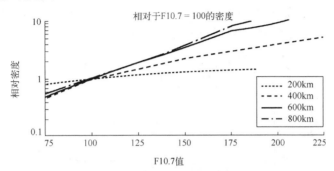

图 5.4　太阳活动对地球中高层大气分子数量密度的影响

5.1.3　大气模式

大气模式：描述地球大气物理/化学状态基本参数（密度、温度、压力、成分等）空间分布及时间变化规律的模型。大气模式主要包括两类形式：一为以数学方程组表示的理论模型，如标准大气模式；二为以观测资料为基础的统计模型，如参考大气模式。

1）标准大气模式

一种大气温度、压力、密度的高度垂直分布模型，遵守理想气体定律和流体静力学方程，可粗略代表中纬度的年平均大气状态；各航天大国都制定了较符合本国情况的标准大气模式，如美国标准大气（1976 年）、中国标准大气（1980 年）。

2）参考大气模式

在标准大气模式基础上，进一步考虑人气参数随纬度、季节等变化而制定，可粗略反映某地区大气多年的平均状况。

目前，常用的参考大气模式包括：

（1）Jacchia 模式，美国马歇尔太空飞行中心（Marshall Space Flight Center，MSFC）编制的参考大气模式，用于轨道跟踪分析时与真实大气拟合较好；

（2）质谱仪-非相干散射（mass spectrometer and incoherent scatter，MSIS）模式，美国戈达德飞行中心基于测量数据编制的参考大气模式，考虑了大气成分分布的影响，其时间和空间覆盖较宽；

（3）马歇尔工程热层（Marshall engineering thermosphere，MET）模式，MSFC 以

Jacchia 模式为基础，专门为国际空间站编制的参考大气模式，于 1988 年正式应用，是 120km 以上高度大气模式的国际标准。

　　例如，MSIS86，即 MSIS-1986 大气模式，其计算输入参数包括 A_p、F10.7 以及具体分析的时间区间，输出参数包括以距地表高度为自变量的 n（大气分子密度）、n_o（原子氧密度）、T（大气分子温度）、原子质量等的平均值。MSIS 模式与美国标准大气模式的数值比较如图 5.5 所示[1-3]，分析可知：120km 以内，两种模式符合较好；距地表高度越高，两种模式的计算结果差别越大。

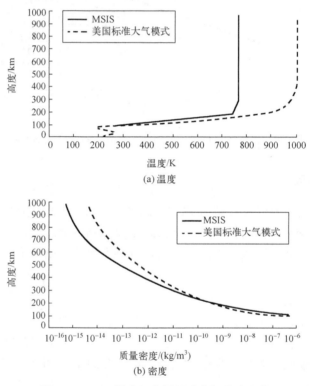

图 5.5　MSIS 模式与美国标准大气模式比较

5.2　中性大气物理基础

　　大气物理学是研究大气的物理现象、过程及其演变规律的学科，是大气科学的一个分支。中性大气物理的两个基本分析依据为理想气体定律和流体静力学方程。理想气体定律涉及大气压力 p、密度 ρ、温度 T 等 3 个参数之间的关系，满足：

$$p = \rho RT \tag{5.1}$$

式中，R 为理想气体常数。

流体静力学方程涉及压强变化与距地表高度 h、密度 ρ 之间的关系，满足：

$$\mathrm{d}p = \rho g h \tag{5.2}$$

5.2.1　中性气体分子运动规律

中性气体分子运动规律主要解决两个问题：中性大气中气体分子平均热运动速度与温度的关系，中性大气中气体分子运动速度分布规律。

(1)中性大气中气体分子平均热运动速度与温度的关系。

研究地球中高层大气的稀薄气体时，温度是测量气体分子热运动速度的一种手段，两者之间关系可由式(5.3)(气体分子平均动能表示为温度 T 的函数)进行推导。

$$\frac{1}{2}m\bar{v}^2 = \frac{3}{2}kT \tag{5.3}$$

式中，m 为气体分子质量，$\bar{v}$ 为气体分子平均热运动速度，k 为玻尔兹曼常数。

(2)中性大气中气体分子运动速度分布规律。

中性大气中相同质量与温度的气体分子可能具有不同的速度分布，对应的概率函数(即 Maxwell-Boltzmann 速度分布函数 $f(v)$)为[1-3]：

$$f(v) = 4\pi\left(\frac{m}{2\pi kT}\right)^{3/2} v^2 \exp\left(-\frac{mv^2}{2kT}\right) \tag{5.4}$$

式中，v 为分子速度。

基于式(5.4)求解均方根速度：

$$v_{\mathrm{rms}} = \left(\int_{-\infty}^{\infty} v^2 f(v)\mathrm{d}v\right)^{1/2} = \left(\frac{3kT}{m}\right)^{1/2} \tag{5.5}$$

求解平均速度：

$$v_{\mathrm{mean}} = \int_{-\infty}^{\infty} v f(v)\mathrm{d}v = \left(\frac{8kT}{\pi m}\right)^{1/2} \tag{5.6}$$

求解最概然速度：

$$\frac{\mathrm{d}f(v)}{\mathrm{d}v}\bigg|_{v_{\mathrm{mps}}} = 0 \ \Rightarrow \ v_{\mathrm{mps}} = \left(\frac{2kT}{m}\right)^{1/2} \tag{5.7}$$

由式(5.5)~式(5.7)分析可知，$v_{\mathrm{rms}} > v_{\mathrm{mean}} > v_{\mathrm{mps}}$：从物理原理分析可知均方根速度大于平均速度，因为有的速度为负向，在积分中起副作用，但均方根速度下所有速度都起正作用，此处的均方根速度定义与上述 $\bar{v}$ 具有一致性；最概然速度小于平均速度。

5.2.2　大气压的高度变化规律

大气压力 p 与距地表高度 (h) 的关系为：

$$p = p_0 \exp\left(\frac{h_0 - h}{H}\right) \tag{5.8}$$

式中，(p_0, h_0) 为设定的基准大气压及高度，H 为大气标高，计算公式为：

$$H = \frac{kT}{mg} \tag{5.9}$$

分析式(5.8)和式(5.9)可知：随着距地表高度增加，压力以指数形式递减；大气层不同区域气体分子的化学成分和温度差异明显，大气标高 H 也会随之改变。

5.3　中性大气环境影响

中性大气环境对航天器的影响分为机械作用(通过物理撞击产生影响)与化学作用(通过化学效应产生影响)。

5.3.1　机械作用

机械作用影响主要包括气动阻力(aerodynamic drag force)和物理溅射两种。

(1)气动阻力。

中性大气分子对在轨运行航天器产生气动阻力，估算为：

$$\boldsymbol{F} = -\frac{1}{2}\rho v^2 C_d A \tag{5.10}$$

式中，v 为中性大气相对航天器迎风面的速度矢量；A 为航天器迎风面面积；C_d 为航天器气动阻力系数，计算公式为：

$$C_d = 2(1 + f(\theta)) \tag{5.11}$$

式中，θ 为中性大气撞击方向与航天器迎风面法向的夹角，$f(\theta)$ 为 θ 的待定函数。由于粒子碰撞的不确定性，较难从理论上推导 $f(\theta)$ 的具体形式，因此通常需通过试验来确定 C_d，其与入射角 θ 密切相关，见图 5.6[1-3]。阻尼系数随着入射角的增大而减小；对于大多数航天任务分析而言，C_d 一般取 2.2。

气动阻力会使航天器轨道衰退(spacecraft orbit decay)，对应的轨道半长轴及轨道周期变短。理想情况下，气动阻力所做功等于航天器机械能的时间变化率，计算公式为：

$$\frac{\mathrm{d}E}{\mathrm{d}t} = \boldsymbol{F} \cdot v = -\frac{1}{2}\rho C_d A v^3 \tag{5.12}$$

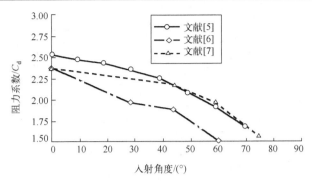

图 5.6　阻力系数与入射角的关系

式中，航天器的机械能 E 计算公式为：

$$E = -\frac{\mu_{gE} m_S}{2a} \tag{5.13}$$

式中，m_S 为航天器质量，a 为半长轴，μ_{gE} 为地球引力常数。

考虑圆轨道航天器，满足 $v = \sqrt{\mu_{gE}/r} = \sqrt{\mu_{gE}/a}$，将其代入式 (5.12)，可得半长轴的时间变化率为：

$$\frac{\mathrm{d}a}{\mathrm{d}t} = -\rho \frac{C_d A}{m_S} (\mu_{gE} a)^{1/2} \tag{5.14}$$

进一步，基于轨道周期与半长轴的关系 $P = 2\pi\sqrt{a^3/\mu_{gE}}$ 推导可得轨道周期的时间变化率：

$$\frac{\mathrm{d}P}{\mathrm{d}t} = 3\pi\sqrt{a/\mu_{gE}}\frac{\mathrm{d}a}{\mathrm{d}t} = -3\pi\rho a \frac{C_d A}{m_S} \tag{5.15}$$

分析式 (5.15) 可知，其建立了轨道周期的时间变化率与当地大气密度的关系，因此基于轨道周期变化的测量数据估算当地大气密度，成为当前航天领域研究热点之一。

大气阻力作用下，低轨道航天器将以螺旋形轨迹坠入稠密大气层烧毁，其轨道变化特点为：远地点高度衰减较近地点快；椭圆逐渐变圆，即偏心率逐渐减小到 0。典型低轨道衰退时间与太阳活动 (以 F10.7 值进行表征)、轨道高度的关系如图 5.7 所示[1-3]，分析可知：太阳活动越强，低轨航天器轨道衰退越快；500km 轨道高度以上的空间目标在轨时间可达几十年，对于轨道碎片来说，如不对其进行主动清除，其将长时间对在轨运行正常航天器产生威胁。

(2) 物理溅射。

物理溅射指中性气体分子对在轨运行航天器撞击所传递的能量大于表面材料分子之间的化学键能时，使物体表面分子间的化学键断裂进而分子溅射出来的过程。

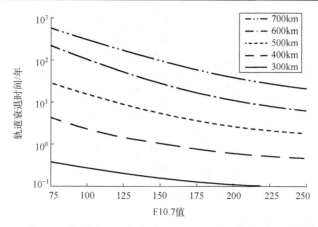

图 5.7　轨道衰退时间与太阳活动及轨道高度的关系

由物理溅射产生机理可知，中性大气环境的物理溅射效应与真空环境的太阳紫外线对航天器表面材料作用效应类似，区别在于前者为中性粒子撞击，而后者为能量以光子形式辐射。

5.3.2　化学作用

化学作用影响主要包括原子氧剥蚀和航天器辉光(spacecraft glow)两种。

(1)原子氧剥蚀。

距地表 0～1000km 高度范围内，中性大气成分及其数量密度与高度的关系如图 5.8 所示[1-3]。分析可知，在距地表 100～700km 高度范围内，中性大气的主要成分为原子氧 O，由太阳紫外线将氧分子分解而得，因此太阳活动高年的原子氧数量密度更大。

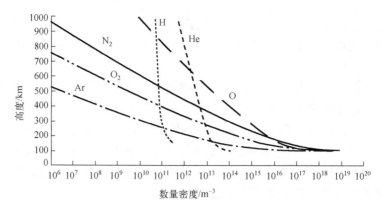

图 5.8　中性大气主要成分及其数量密度与距地表高度的关系

原子氧 O 具有较强氧化性，可与许多物质发生作用，发生氧化、剥蚀，导致材料质量损失。如果材料的质量损失引起其热性能等显著改变，则原子氧剥蚀会给航天器带来严重后果。因此，对担任长期在轨任务的航天器而言，需要特别注意原子氧剥蚀问题。原子氧对航天器材料的剥蚀作用研究历程中，美国低轨环境作用影响测试航天器(长期暴露装置，见图 5.9)[1-3]功不可没，其在轨运行将近 6 年，积累了大量的低轨环境长期影响测试数据。

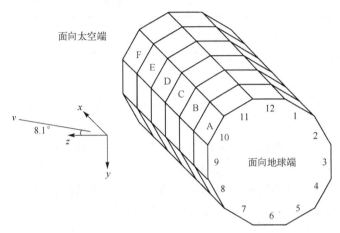

图 5.9　长期暴露装置

将探测装置网格划分，面内划分 1～12，沿轴向划分为 A～F

对于长期在低轨运行的航天器而言，需要考虑原子氧剥蚀的防护：首先，计算航天器在轨运行可能遇到的原子氧总通量；其次，基于原子氧总通量及航天器材料的剥蚀率，分析航天器表面材料的剥蚀承受能力，如果航天器表面材料性能衰退不能接受，则需采用防护层或调整敏感表面，避开原子氧攻击。典型材料的剥蚀率(单位立方厘米的材料遭受单个原子氧撞击产生的质量剥蚀)如表 5.2 所示[1-3]。

表 5.2　典型材料剥蚀率

典型材料	剥蚀率/(atom·cm^3)
碳	$1.3×10^{-24}$
环氧树脂	$2.2×10^{-24}$
聚酰亚胺	$3.0×10^{-24}$
纤维	$6.1×10^{-26}$
聚酯薄膜	$2.2×10^{-24}$
聚酰胺	$9.7×10^{-23}$
塑料	$3.4×10^{-25}$

分析表 5.2 数据可知，剥蚀率数值较小，但需注意的是该剥蚀率仅针对单个原子氧，当原子氧数量较多且在轨运行时间较长时，原子氧剥蚀导致的材料质量损失较明显，需要增加防护涂层。例如，Kapton 材料(聚酰亚胺薄膜材料)具有出色的耐

高温性、紫外线稳定性和良好的韧性等优势，常被用作航天器有效载荷的热控防护罩，表 5.3 给出了 Kapton 采用或不采用防护层、采用不同防护层情况下原子氧剥蚀 1 年导致的质量损失[1-3]，分析可知：采用一定厚度的防护涂层，可有效降低质量损失；不同涂层的原子氧剥蚀防护能力差别较大。

表 5.3　Kapton 的质量损失

防护涂层	厚度/10^{-10}m	质量损失/mg
无防护层	0	5020 ± 9.9
Al_2O_3	700	567 ± 5.2
SiO_2	650	5.9 ± 5.2
96% SiO_2+4%PTFE(聚四氟乙烯)	650	10.3 ± 5.2

(2)航天器辉光。

航天器辉光指航天器外表面出现的光辐射现象，其物理机理为原子氧与航天器表面吸附的气体分子撞击产生的化学反应，使能量以光的形式释放。航天器辉光会降低其附近光学有效载荷的观测能力，对航天器的遥感观测造成较大不利影响。

航天器辉光程度可采用辉光亮度 B(单位为瑞利)进行表征，其与航天器运行轨道高度 h 有关，估算为：

$$\lg B = 7 - 0.0129h \tag{5.16}$$

5.4　设计分析策略

(1)研究原子氧对航天器材料的剥蚀作用。

可采用类似于美国长期暴露装置(long duration exposure facility，LDEF)航天器的在轨飞行试验进行原位数据测量，也可采用地面模拟试验，利用等离子体发生器产生高速运行的粒子对设定材料进行长期撞击测试。

(2)降低航天器辉光影响。

仅通过选择材料解决辉光问题比较困难，因为不易产生辉光的材料更容易受到原子氧攻击。常规有效措施包括：将光学有效载荷观测方向指向航天器尾迹；设计过程留有余量，允许出现辉光现象时降低图像质量。

其他的中性大气环境效应设计策略整理如表 5.4 所示。

表 5.4　中性大气环境效应的典型设计策略

环节	措施
材料选取	与原子氧不反应； 光学仪器附近表面辉光亮度不高； 有较高的溅射阈值

续表

环节	措施
结构布局	减小迎风面，使阻力小； 使敏感表面和光学表面远离迎风面
防护涂层	航天器表面增加防护涂层

参 考 文 献

[1]　艾伦·C·特里布尔. 空间环境[M]. 唐贤明, 译. 北京: 中国宇航出版社, 2009.

[2]　Pisacane V L. The Space Environment and Its Effects on Space Systems[M]. Reston: AIAA Education Press, 2008.

[3]　文森特·L·皮塞卡. 空间环境及其对航天器的影响[M]. 张育林, 陈小前, 闫野, 译. 北京: 中国宇航出版社, 2011.

[4]　Owen C. An introduction to the structure of the magnetosphere[R]. London: University of College London, 2012.

[5]　Seidel M, Steinheil E. Measurement of momentum accommodation coefficients on surfaces characterized by auger spectroscopy[C]. The 9th International Symposium on Rarefied Gas Dynamics, San Diego, 1974.

[6]　Knechtel E D, Pitts W C. Normal and tangential momentum accommodation for earth satellite conditions[J]. Acta Astronautica, 1973, 18: 171-184.

[7]　Boring J W, Humphris R R. Drag coefficients for free molecule flow in the velocity range 7-37 km/s[J]. AIAA Journal, 1973, 8(9): 1658-1662.

第 6 章　等离子体环境及其影响

"宇宙中超过99%的物质形态都属于等离子体。"印度天体物理学家梅格纳德·萨哈计算提出且已形成共识！

等离子体(英文名称为 Plasma)构成了除固体、液体、气体之外的第四种物质形态，四形态之间的转化机理如图 6.1 所示。等离子体定义为：全部或部分电离的气体，包含带正电的离子、带负电的电子以及不带电的中性粒子，具有准中性(quasi-neutrality)及集体效应(collective effect)等特质。电离指中性气体原子(基本结构如图 6.2 所示)中的核外电子获得足以摆脱原子核束缚的能量(能量来源包括被撞击、被非接触电磁力作用以及吸收太阳能、银河宇宙线射能等)后，从原子中剥离，形成自由运动的带负电电子及剩余带正电离子的过程。

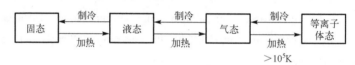

图 6.1　物质四形态及其转化

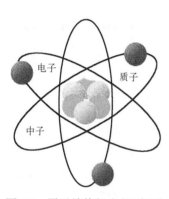

图 6.2　原子结构组成(见彩图)

准中性指电子与离子数目基本相等，等离子体环境宏观上呈现电中性，但在小尺度上呈现电磁性；集体效应指带电粒子之间的相互作用为库仑力，体系内所有带电粒子同时且持续地参与作用，任何带电粒子的运动状态均受其他带电粒子的影响。未被电离的中性大气环境与电离后的等离子体环境中，粒子之间相互作用机理如图 6.3 所示：中性大气环境中的气体分子仅在碰撞瞬间发生作用，而等离子体环境中的带电粒子通过非接触库仑力同时且持续地相互作用，具有"牵一发而动全身"的效应；等离子体与中性气体之间的其他物性区别如表 6.1 所示。需要注意的是，等离子体环境中，带电粒子的动能一般远大于带电粒子之间的库仑势能。

宇宙中超过99%的可见物质都处于等离子状态；幸运的是，受地球大气层及地磁场保护，人类生活的地球环境处于其余的 1%。此外，人类航天活动也会产生区域等离子体环境，如航天器返回舱周围的等离子体鞘(图 6.4)及其所导致的"通信黑障"(communication blackout)现象。

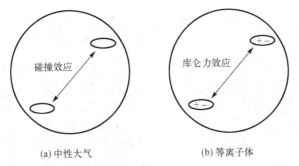

(a) 中性大气　　　　　　　　　　　(b) 等离子体

图 6.3　中性大气与等离子体环境中粒子间相互作用机理对比

表 6.1　等离子体与中性气体的特性对比

物理性质	中性气体	等离子体
电导率	非常小：通常认为空气是良好的绝缘体	较大：大多数应用场景中，认为等离子体的电导率较大
具备不同行为的粒子种类	1 种：所有中性气体粒子行为类似	多种：粒子带电的大小及电荷种类不同，具有不同的物理行为及速度
相互作用机理	碰撞效应：粒子之间产生作用的机理为碰撞	长程库仑力作用：任意两个带电粒子之间都存在非接触库仑力作用

在轨运行航天器轨道环境处于等离子体状态（光致电离（photoionization）作用），航天器受等离子体影响显著，会产生充放电效应，导致航天器故障或引起物理损伤（图 6.5）。

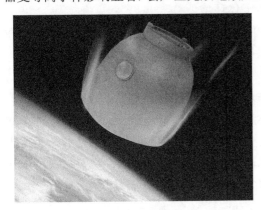
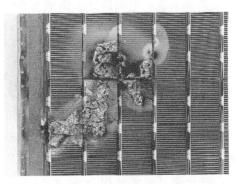

图 6.4　返回舱周围的等离子体鞘（见彩图）　　图 6.5　航天器太阳能帆板充放电损伤（见彩图）

6.1　等离子体环境

根据形成机理、等离子体参数及太阳作用等的不同，可将在轨运行航天器所面临的太空等离子体环境分为 HEO、PEO（polar earth orbit，极轨）及 LEO 三类，如图 6.6 所示[1-5]。

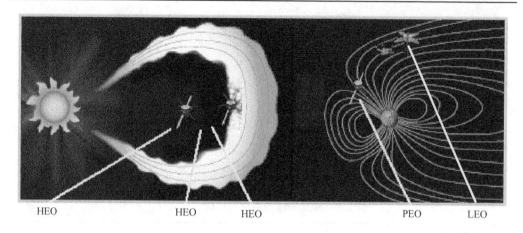

HEO   HEO   HEO   PEO   LEO

图 6.6　地球空间等离子体环境分布（见彩图）

PEO：来自太阳及银河系的带电粒子，不受偏转地进入地球磁场南北极磁隙，形成极区等离子体环境，带电粒子能量较高。HEO：处于高轨，来自于太阳及银河系的带电粒子（尚未被地球磁场偏转，也未电离地球中高层大气）形成的等离子体环境；由于为一次粒子，带电粒子能量较高。LEO：来自于太阳及银河系的带电粒子电离地球中高层大气，被地球磁场偏转形成的具有较为固定结构的等离子体环境，又称为地球电离层，为绝大多数人造航天器的活动区域。本章重点介绍对航天器影响最大且具有较为稳定结构的电离层等离子体环境。

总体来说，电离层处于距地表 50～1000km 高度，温度为 180～3000K，带电粒子的运动受地磁场约束。下面，从电离层参数及正常结构对其进行阐述。

1）电离层参数

电离层参数包括电子数量密度、碰撞频率、中性成分、离子成分及电离层温度等：电子密度又称为电子浓度，指单位体积内电子的数量，随时间、季节、纬度和太阳活动而变化；碰撞频率指单位时间内电子与其他粒子的碰撞次数之和，正比于中性粒子的数量密度；中性成分指未被电离的气体，即中性大气；电离层温度取决于各种加热和致冷过程的平衡，具有周日变化和季节变化等特性。

2）电离层正常结构

电离层随纬度、距地表高度不同存在较明显变化，中纬度电离层的电子数量密度剖面及分层如图 6.7 所示[1-3]。基于电子数量密度随距地表高度的递增（减）关系，分为 D、E、F1、F2 层，与中性大气环境按垂直高度温度分层的 4 条线具有相似性。影响电子数量密度变化主要有 3 个因素：太阳辐射强度（距地表高度越高，辐射越强）、地球中高层大气密度（距地表高度越高，大气密度越低）、电子与正离子的复合率（一般而言，距地表高度越高，电子与离子的复合率越低）。正是这 3 个因素的综合影响，使得电子数量密度随距地表高度存在递增(减)关系，电离层据此分层(各层对应一个峰值高度，如图 6.8 所示)。

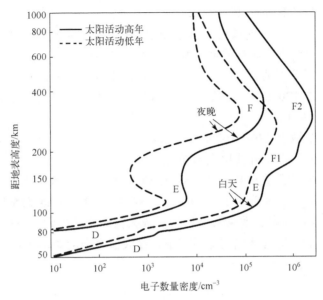

图 6.7　中纬度地区电离层分层

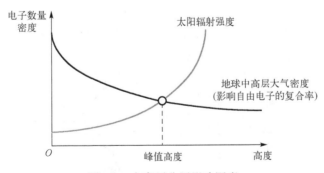

图 6.8　电离层分层影响因素

电离层各子层参数及离子组分梳理如图 6.9 所示[1-3]，从距地表高度范围、电离机理、组分及最大电子数量密度量级、物理特性等四部分对各子层等离子体环境进行阐述。

(1)D 层。

高度范围：距地表 50～90km。

电离机理：太阳 α 射线电离 NO、太阳硬 X 射线电离 O_2。

组分及最大电子数量密度量级：NO^+、O_2^+；约 $10^9 m^{-3}$。

物理特性：随着距地表高度增加，电子数量密度逐渐增大；日出后电子数量密度很快达到最大，日落后该层经常消失。

(2) E 层。

高度范围：距地表 90～150km。

电离机理：太阳软 X 射线电离 N_2、O 及 NO；太阳紫外线电离 O_2。

组分及最大电子数量密度量级：NO^+、O_2^+；约 $10^{11}m^{-3}$。

物理特性：随着距地表高度增加，电子数量密度先增大再减小，存在极大值，对应距地表高度约 120km；日落后，电子数量密度极大值对应的距地表高度升高。

(3) F 层：F1 和 F2。

高度范围：距地表 120～1000km。

电离机理：太阳极紫外线电离 O 和 H。

组分及最大电子数量密度量级：NO^+、O_2^+，O^+、H^+、N^+；约 $10^{12}m^{-3}$。

物理特性：进一步细分为 F1 和 F2 层，F2 层比 F1 层距地表高且电子数量密度大；F1 层随高度增加电子数量密度增加，极大值对应的距地表高度约 180km；F2 层随高度增加电子数量密度先增加后减小，极大值对应的距地表高度 300～350km；夜晚，F1 和 F2 层会融合为一层。

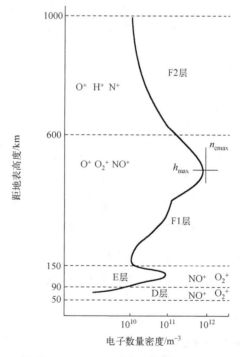

图 6.9　电离层各子层参数及离子组分

n_{emax} 表示最大电子数量密度，h_{max} 表示对应的距地表高度

6.2　等离子体物理基础

6.2.1　物性参数表征

类似于描述中性大气物性的 3 个参数 (p,ρ,T) 及其约束条件(理想气体状态方程 $p=\rho RT$),等离子体物性可由 3 个参数表征,即德拜半径(Debye radius) λ_{D}、等离子体振荡频率(plasma frequency) f_{pe} 以及无量纲的等离子体系数(plasma coefficient) Λ。

(1)德拜半径 λ_{D} 计算公式为[1-3]:

$$\lambda_{\mathrm{D}}=\left[\frac{\dfrac{\varepsilon_0 k}{e^2}}{\dfrac{n_e}{T_e}+\sum_i\dfrac{j_i^2 n_i}{T_i}}\right]^{1/2} \tag{6.1}$$

式中, (n_i,n_e) 为离子及电子的数量密度, (T_i,T_e) 为离子及电子的温度, $\varepsilon_0(=8.85\times10^{-12}\,\mathrm{F/m})$ 为真空介电常数, $e(=1.6\times10^{-19}\,\mathrm{C})$ 为单位电荷量, k 为玻尔兹曼常数, j_i 为带正电离子所含单元电荷数,求和运算符针对等离子体环境蕴含的所有正离子。

由式(6.1)分析可知,等离子体数量密度 (n_i,n_e) 越大、温度越高,对应环境的德拜半径越小。

(2)振荡频率 $(f_{\mathrm{pe}},f_{\mathrm{pi}})$ 计算公式分别为[1-3]:

$$\begin{cases}f_{\mathrm{pe}}=\dfrac{1}{2\pi}\sqrt{\dfrac{n_e e^2}{\varepsilon_0 m_e}}=8.979\sqrt{n_e}\\[3mm]f_{\mathrm{pi}}=\dfrac{1}{2\pi}\sqrt{\dfrac{e^2}{\varepsilon_0}\sum_i j_i^2\dfrac{n_i}{m_i}}\end{cases} \tag{6.2}$$

需要注意的是,由于分母位置的质量对比 $m_e\ll m_i$,则 $f_{\mathrm{pe}}\gg f_{\mathrm{pi}}$;由于等离子体环境中正离子与负电子的数量基本相等,等离子体环境的振荡频率 f_e 一般以电子的振荡频率 f_{pe} 表征。由式(6.2)分析可知,等离子体环境中电子的数量密度 n_e 越大,等离子体振荡频率 f_{pe} 越大。

(3)无量纲的等离子体系数 Λ 定义为德拜球(以测试粒子为球心、德拜半径为半径)内所含的平均电子数量,计算公式为[1-3]:

$$\Lambda=\frac{4\pi n_e\lambda_{\mathrm{D}}^3}{3} \tag{6.3}$$

式中, Λ 为综合体现 λ_{D} 与 f_{pe} (由 n_e 表征)的参数,在等离子体环境特性分析中经常

作为等离子体鉴定指标(即称之为等离子体环境需要满足一定的电子数量阈值要求)。

下面，给出两个等离子体振荡频率应用的典型案例：返回舱特定高度范围发生的"通信黑障"现象、地球电离层 D 层电子数量密度及距地表高度的简易测算。

(1)返回舱特定高度范围发生的"通信黑障"现象。

对于航天器返回舱而言，在其再入地球中高层大气后一段时间(对应 35～80km 的距地表高度)内，返回舱发生"通信黑障"现象，返回舱与外界失去通信联系，即无线电信号进不去也出不来，如图 6.10(a)所示。返回舱发生"通信黑障"现象的基本物理机理梳理如图 6.10(b)：返回舱高速进入大气层并与其摩擦，动能和势能转化成热能并电离附近中性大气分子，产生大量电子及离子；随着距地表高度的下降，电离形成的电子数量逐渐增多，由式(6.2)分析可知，对应的等离子体振荡频率也持续增大($v\uparrow \overset{摩擦}{\Rightarrow} T\uparrow \Rightarrow n_e\uparrow \Rightarrow f_e\uparrow$)，一旦等离子体振荡频率大于无线电通信频率，则无线电波不能通过，"通信黑障"产生；发生"通信黑障"一段时间后，随着距地表高度的降低，返回舱所具备的动能及势能逐渐减小，其转化成热能并电离中性大气分子的能力逐步减弱，生成的电子数量密度相应减小，振荡频率逐步下降，一旦等离子体振荡频率小于无线电通信频率，无线电波就恢复通过，"通信黑障"现象消失。

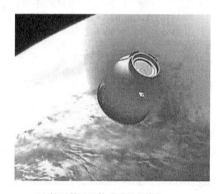 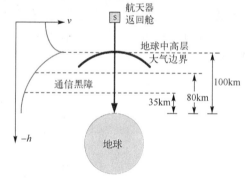

(a)航天器返回舱"通信黑障"　　　　　　　(b)"通信黑障"现象分析

图 6.10　航天器返回舱"通信黑障"及其原因(见彩图)

(2)地球电离层 D 层电子数量密度及距地表高度的简易测算。

这为一些相关专业学生开展实习的实践项目，测试学生利用所学理论知识解决实际问题的能力。利用放置于地球表面的无线电发射器持续不断向太空发射无线电信号(图 6.11)进行简易测算。初始选定一个较小基频，然后按设定步长逐步增加频率。由等离子体物理特性可知，当无线电信号频率低于电离层 D 层振荡频率时，无线电信号不能通过，将返回且被无线电信号接收器接收，发射-接收信号按光速走了一个来回，则 D 层高度为

$$h = \frac{1}{2}c\Delta t$$

式中，c 为光速，Δt 为发射-接收信号时间间隔。按步长增加无线电信号，当无线电信号频率大于 D 层等离子体振荡频率时，无线电信号将穿透 D 层，不再返回，则根据所发射且无接收的无线电信号频率可反推 D 层等离子体数量密度：

$$n_e = \frac{f_{pe}^2}{8.979^2}$$

式中，f_{pe} 为可穿透的无线电信号频率。

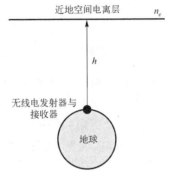

图 6.11　基于无线电发射器与接收器的电离层 D 层高度与数量密度简易测算

6.2.2　单粒子运动

太阳磁场与地球磁场作用下 (图 6.12)，太空环境中的等离子体呈现复杂运动状态[1,2]：以地球同步轨道之外的磁层顶为界，磁层顶之外为太阳磁场主导区，磁层顶之内为地球磁场主导区；在地球磁场主导区，等离子体运动规律如图 6.13 所示，可分为拉莫尔回旋 (沿地磁力线的螺旋运动)、电漂移运动 (在垂直于地磁力线平面内的粒子漂移)、磁镜运动 (捕获粒子反弹) 等三部分，统称为单粒子运动 (single particle movement) 规律。

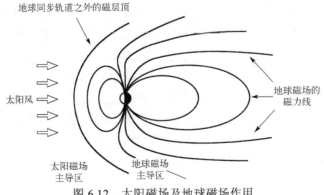

图 6.12　太阳磁场及地球磁场作用

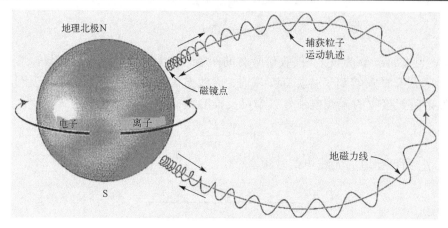

图 6.13　地磁场环境中等离子体运动规律

分析等离子体环境及其对航天器影响时，单粒子运动基础理论至关重要。单粒子运动是等离子体物理的重要术语，定义为：描述带电粒子在电、磁场中的运动，不考虑带电粒子运动对场的反作用以及带电粒子间的相互作用。

设带电粒子质量为 m，电荷为 q，以速度 v 在磁感应强度 B、电场强度 E 中运动，粒子受到电场力及磁场力为：

$$F = m\frac{\mathrm{d}v}{\mathrm{d}t} = q(E + v \times B) \tag{6.4}$$

单粒子运动分析一般选取两类坐标系，即笛卡儿坐标系与柱坐标系，坐标系及坐标点 P 的描述参数如图 6.14 所示。不失一般性，设定 B 沿 z 轴正向，E 的方向不受限制。基于分析难度逐步提高的方式进行单粒子运动规律介绍，依次为：拉莫尔回旋、电漂移运动、存在磁场梯度的复杂运动。

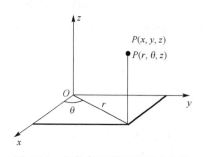

图 6.14　参考坐标系及坐标点参数

1) 拉莫尔回旋（$E = 0$ 及均匀磁场假设）

式 (6.4) 中，令 $E = 0$ 及磁场为均匀磁场（即 B 不随时间和空间变化），则带电粒子的运动规律为拉莫尔回旋（以爱尔兰物理学家及数学家约瑟夫·拉莫尔命名），具体表现为：沿 B 的方向保持初始运动状态，垂直于 B 的方向为回旋运动，综合体现为绕 B 线做螺旋进动，如图 6.15 所示；负电子与正离子的螺旋方向相反，负电子螺旋方向与 B 方向满足右手定则关系。

垂直于 B 向的回旋运动定量表征为：

$$m\frac{\mathrm{d}^2 r}{\mathrm{d}t^2} = m\frac{\mathrm{d}v}{\mathrm{d}t} = qv \times B \tag{6.5}$$

分析式(6.5)可知,洛伦兹力 $\boldsymbol{F}$ 垂直于 $\boldsymbol{B}$ 及 $\boldsymbol{v}$ (图 6.16),则 $\boldsymbol{F}$ 不影响带电粒子沿 $\boldsymbol{B}$ 向的运动(保持初始运动状态 $v_{B\parallel}$);垂直于 $\boldsymbol{B}$ 的平面内,$\boldsymbol{F} \perp v_{B\perp}$,$\boldsymbol{F}$ 不做功,粒子做匀速圆周运动。

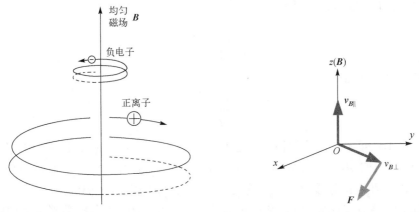

图 6.15 拉莫尔回旋运动(无电场+均匀磁场) 图 6.16 洛伦兹力与粒子运动速度及磁场的空间几何

因此,仅需对垂直于 $\boldsymbol{B}$ 平面内的匀速圆周运动进行分析。描述匀速圆周运动有 3 个必要参数:回旋角速度(或回旋频率)、圆周半径、运动方向。

(1)回旋角速度推导。

将 $\boldsymbol{v}=(v_x,v_y,v_z)^{\mathrm{T}}$ 及 $\boldsymbol{B}=(0,0,B_z)^{\mathrm{T}}$ 代入式(6.5),推导可得:

$$\begin{cases} m\dot{v}_x = qB_z v_y \\ m\dot{v}_y = -qB_z v_x \\ m\dot{v}_z = 0 \end{cases} \Rightarrow \begin{cases} \ddot{v}_x = -\left(\dfrac{qB_z}{m}\right)^2 v_x \\ \ddot{v}_y = -\left(\dfrac{qB_z}{m}\right)^2 v_y \end{cases} \Rightarrow \begin{cases} \ddot{v}_x + \left(\dfrac{qB_z}{m}\right)^2 v_x = 0 \\ \ddot{v}_y + \left(\dfrac{qB_z}{m}\right)^2 v_y = 0 \end{cases} \tag{6.6}$$

进一步,基于二阶常系数线性齐次常微分方程的特征根求解方法,得到 $(v_x,v_y,v_{B\perp})$ 为:

$$\begin{cases} v_x = C_1 \cos\dfrac{qB_z}{m}t + C_2 \sin\dfrac{qB_z}{m}t \\ v_y = \dfrac{m}{qB_z}\dot{v}_x = -C_1 \sin\dfrac{qB_z}{m}t + C_2 \cos\dfrac{qB_z}{m}t \\ v_{B\perp} = \sqrt{v_x^2 + v_y^2} = \sqrt{C_1^2 + C_2^2} \end{cases} \tag{6.7}$$

式中,(C_1,C_2) 为两个积分常数,由带电粒子初始运动状态确定。

分析式(6.7)可知,圆周运动角速度 ω_L 为 qB_z/m,则对应的回旋频率为:

$$f_L = \frac{1}{2\pi}\left(\frac{qB_z}{m}\right) \tag{6.8}$$

分析式(6.8)可知，同一磁场作用下，带电荷量 q 越大，f_L 越大；m 越小，f_L 越大，则同等电荷电子的回旋频率远大于正离子的回旋频率。

(2)圆周半径及运动方向推导。

带电粒子的圆周运动由洛伦兹力提供向心力，满足：

$$m\frac{v_{B\perp}^2}{r_L} = qv_{B\perp}B_z \tag{6.9}$$

基此求得圆周半径为：

$$r_L = \frac{mv_{B\perp}}{qB_z} \tag{6.10}$$

分析式(6.10)可知：r_L 的规律与 f_L 的规律正好相反，即同等电荷下，电子的圆周运动半径远小于正离子的圆周运动半径；进一步，由式(6.7)知 $v_{B\perp}$ 数值不变，则初始运动垂直于 B 向的速度分量 $v_{B\perp}$ 越大，对应的圆周运动半径越大。

带电粒子运动方向判定：电荷圆周定向移动形成电流环(正负电荷形成的电流方向相反)，电流环产生次级磁场(磁场方向满足右手定则，即右手四指沿电流运行方向，则右手拇指指向磁场方向)；带电粒子运动形成的次级磁场与初始磁场方向相反，据此根据次级磁场原理及方向反推带电粒子运动方向，可知带负电的电子运动方向为顺时针、带正电的离子运动方向为逆时针(沿 B 向看)。

综合沿 B 向的运动，带电粒子的运动方向与 B 向的夹角 α 为：

$$\alpha = \tan^{-1}\left(\frac{v_{B\perp}}{v_{B\parallel}}\right) \tag{6.11}$$

分析可知，$\alpha \in [0 \quad \pi]$。

2)电漂移运动(E 及均匀磁场假设)

电漂移运动指在均匀磁场作用下，进一步引入均匀电场作用，带电粒子将在沿 B 向螺旋运动基础上产生横向漂移，具体表现为：电场力 qE 与电场 E 同向；与磁场 B 平行的电场力不产生漂移，仅在 B 向叠加一个匀加速运动；垂直于磁场 B 的电场力产生漂移运动，如图6.17所示，带电粒子将不再按圆周运动，而是在垂直于 B 的平面也表现为垂直于 E 的螺旋运动。

在均匀磁场及垂直于磁场的电场作用下，基于拉莫尔回旋运动推导，带电粒子运动规律由式(6.12)确定。

$$\begin{cases} m\dot{v}_x = qB_zv_y + qE_x \\ m\dot{v}_y = -qB_zv_x + qE_y \\ m\dot{v}_z = 0 \end{cases} \Rightarrow \begin{cases} \ddot{v}_x + \left(\frac{qB_z}{m}\right)^2 v_x = \frac{q^2B_z}{m^2}E_y + \frac{qE_x}{m} \\ \ddot{v}_y + \left(\frac{qB_z}{m}\right)^2 v_y = \frac{q^2B_z}{m^2}E_x + \frac{qE_y}{m} \end{cases} \tag{6.12}$$

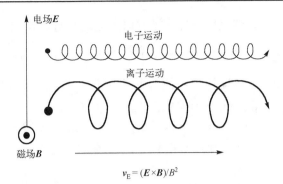

图 6.17 电漂移运动（电场+均匀磁场）

由式(6.12)分析可知，x 和 y 向运动都引入了常数项，带电粒子在垂直于磁场的平面内为螺旋运动，该螺旋运动的平均速度 v_E 为：

$$\frac{q}{m}(E + v_E \times B) = 0 \Rightarrow v_E = \frac{E \times B}{B^2} \tag{6.13}$$

分析式(6.13)可知：v_E 与电场和磁场均垂直；v_E 与电荷符号及粒子质量无关，电子与离子的平均电漂移速度一致，不会在等离子体中产生电荷分离，如图 6.18 所示。

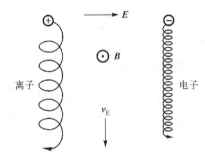

图 6.18 电子与离子的平均电漂移速度一致

3) 存在磁场梯度的复杂运动(磁感应强度 B 沿 z 轴方向存在梯度)

进一步，不失一般性，考虑磁感应强度 B 沿 z 轴方向存在梯度(图 6.19)，在垂直于 z 轴的平面内均匀分布。设 B 沿 z 轴方向逐渐增强，则带电粒子在 z 轴方向运动规律为磁镜运动，如图 6.20 所示，带电粒子被束缚于沿磁感应强度 B 的某空间，并在其中往复运动。

带电粒子所受磁场力 F_z 为：

$$F_z = -\mu \frac{\mathrm{d}B_z}{\mathrm{d}z} \tag{6.14}$$

式中，B_z 为 B 在 z 轴方向的投影分量，$\mu = \frac{1}{2}\frac{mv_{z\perp}^2}{B}$ 为带电粒子运动的磁矩常量。

分析式(6.14)可知,带电粒子在 z 轴方向的运动具有磁镜规律,与图 6.20 相符。此外,基于 $\mu = \dfrac{1}{2}\dfrac{mv_{z\perp}^2}{B}$ 的常值特性分析得出一致结论:沿 z 轴正方向 B 逐渐增大,要保持 μ 为常值,则 $v_{z\perp}$ 逐渐增大;进一步根据机械能守恒原理(磁场力对粒子不做功,不改变粒子能量,则"动能+磁势能"守恒,随着磁场强度增加,磁势能增加,则动能减小)分析可知,$v_{\parallel}$ 逐渐减小;当 B 进一步增大,带电粒子将沿反方向运动以满足 μ 的常值特性;带电粒子沿 z 轴负方向具有一致规律,最终形成磁镜往复运动。

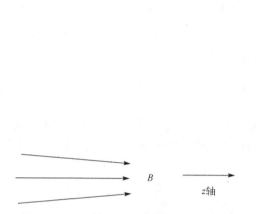

图 6.19 沿 z 轴方向磁感应强度逐渐增大

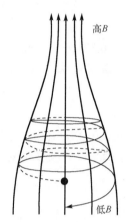

图 6.20 不均匀磁场中的磁镜运动

因此,对于地磁场作用而言,由于具有南北极强磁场与赤道弱磁场的特点,地磁场会捕获太空带电粒子,使其在磁场中的某些空间形成磁镜运动(图 6.21),进而形成如范·艾伦辐射带等特殊区域。

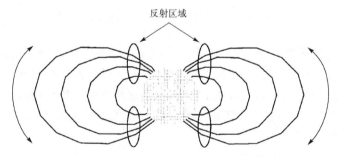

图 6.21 地磁场捕获太空带电粒子形成磁镜运动

理论上讲,带电粒子可被永久地捕获在地磁场强度特殊区域。然而,碰撞后的散射运动使有些带电粒子的速度方向与磁场方向一致,导致该粒子不存在磁矩,可摆脱磁场束缚。

6.3 等离子体环境影响

6.3.1 等离子体影响航天器表面电压

航天器在轨运行环境为等离子体环境,其表面会吸附带电粒子(或被带电粒子撞击),使其表面充电,充电机理如图 6.22 所示。需要注意的是,由于航天器表面材料导电性能的差异性,各部分材料所充电的平衡电压(equilibrium voltage)不同,如果两部分材料的电压差达到一定阈值,则会发生放电效应,击穿甚至烧毁航天器材料,使航天器发生故障。

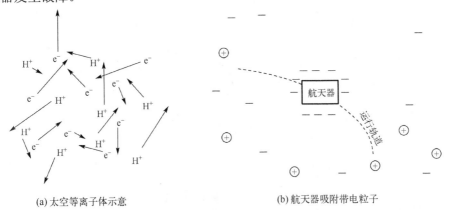

(a) 太空等离子体示意   (b) 航天器吸附带电粒子

图 6.22 航天器表面充电

航天器表面充电机理主要包括负充电(negative charging)及平衡电压两部分:负充电指除了垂直于运行速度的前表面外,其余大部分表面带负电;航天器表面充电是一个动态平衡过程,最终达到平衡,对应一个平衡电压,如图 6.23 所示[1-3]。第一阶段,航天器快速吸附周围电子;第二阶段,随着吸附电子数量的增多,航天器表面及附近电子开始排斥周围等离子体中的电子,并吸引正离子;第三阶段,航天器附近的电子与正离子数量达成一致,对应的正负电流相互抵消,达到平衡状态,形成平衡电压。

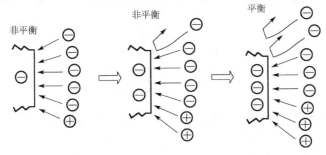

图 6.23 航天器充电的动态平衡过程

太空等离子体环境中，带电粒子的热力速度 v_{th} 为：

$$\begin{cases} v_{th\text{-}e} = \lambda_D f_{pe} \\ v_{th\text{-}i} = \lambda_D f_{pi} \end{cases} \tag{6.15}$$

由式 (6.15) 可知，由于 $f_{pe} \gg f_{pi}$，则 $v_{th\text{-}e} \gg v_{th\text{-}i}$；对比航天器在轨运行速度 v_S，满足 $v_{th\text{-}e} \gg v_S \gg v_{th\text{-}i}$。当航天器在轨运行时，除了航天器运行速度方向外，其余方向的正离子赶不上航天器，导致航天器大部分表面聚集大量电子，带负电，如图 6.24 所示[1-3]。

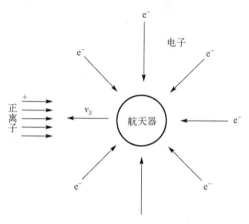

图 6.24　航天器表面负充电原理

航天器在轨运行时，其表面除了吸附带负电的电子与带正电的离子外，还吸附光子，以及释放次级电子 (材料原子电离产生的电子) 及后向散射电子 (入射电子被材料原子核散射)，如图 6.25 所示。初步分析航天器平衡电压时，一般仅考虑航天器表面对电子及正离子的吸附平衡，如图 6.26 所示，计算公式为：

$$V = \frac{-kT_e}{e} \ln\left(\frac{I_e}{I_i}\right) \tag{6.16}$$

式中，T_e 为电子温度，e 为单位电荷量，(I_e, I_i) 分别为电子与离子电流，估算为：

$$\begin{cases} I_i = en_i \sqrt{\dfrac{kT_i}{m_i}} e^{-0.5} \\ I_e = en_e \dfrac{1}{\sqrt{2\pi}} \sqrt{\dfrac{kT_e}{m_e}} \end{cases} \tag{6.17}$$

式中，(n_e, n_i) 分别为电子与离子数量密度，(m_e, m_i) 分别为电子与离子质量，正体 e 为自然常数。

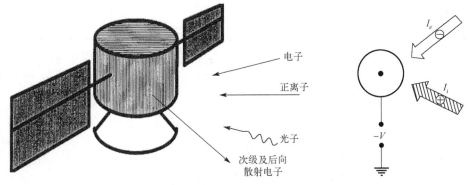

图 6.25　航天器表面吸附及释放带电粒子　　　　图 6.26　航天器表面平衡电压计算

6.3.2　航天器充放电

航天器表面或内部积累带电粒子都可能产生放电效应，关键在于充电电压：以航天器结构地为零参考点的电压称为相对电压，以未受扰动的等离子体环境为零参考点的电压称为绝对电位。航天器充电(spacecraft charging)可用绝对充电与不等量充电进行表征：绝对充电指航天器作为一个整体相对太空环境积累电荷，从而产生电势差；不等量充电指航天器不同部分各自充电且存在电势差。

对于球形航天器而言，其入射电子及离子的充电电流计算分以下 4 种情形[1-3]。

(1) $V < 0$ 且相互排斥：

$$I_e(V) = J_e A_e \exp\left(\frac{eV}{kT_e}\right)$$

(2) $V < 0$ 且相互吸引：

$$I_i(V) = J_i A_i \left(1 - \frac{eV}{kT_i}\right)$$

(3) $V > 0$ 且相互排斥：

$$I_i(V) = J_i A_i \exp\left(-\frac{eV}{kT_i}\right)$$

(4) $V > 0$ 且相互吸引：

$$I_e(V) = J_e A_e \left(1 + \frac{eV}{kT_e}\right)$$

式中，(J_e, J_i) 为球形航天器周围环境的电子与离子电流密度，(T_e, T_i) 为电子与离子温度，(A_e, A_i) 为电子与离子的累积面积，V 为航天器表面相对于周围等离子体环境的电压(即绝对电压)。

(1)高轨航天器充电。

高轨环境中等离子体温度高达 10^7K 量级，质子和电子的平均热力速度远大于航天器速度；高轨航天器(如 GEO 航天器)易发生充电现象，恶劣情况下电压高达 -10kV。

高轨环境中，电子与离子的电流密度近似为[1-3]：

$$\begin{cases} J_e = \dfrac{1}{4}en_e\overline{v}_e = \dfrac{en_e}{4}\left(\dfrac{8kT_e}{\pi m_e}\right)^{0.5} \\ J_i = -\dfrac{1}{4}en_i\overline{v}_i = -\dfrac{en_i}{4}\left(\dfrac{8kT_i}{\pi m_i}\right)^{0.5} \end{cases} \tag{6.18}$$

式中，$\overline{v}_e$ 和 $\overline{v}_i$ 分别为 v_e 和 v_i 的平均值。

将式(6.18)代入入射电子及离子的充电电流公式，可得高轨航天器充电电流估算为：

$$\begin{cases} I_e(V) = \dfrac{en_e A_e}{2}\left(\dfrac{2kT_e}{\pi m_e}\right)^{0.5}\exp\left(\dfrac{eV}{kT_e}\right) \\ I_i(V) = -\dfrac{en_i A_i}{2}\left(\dfrac{2kT_i}{\pi m_i}\right)^{0.5}\left(1-\dfrac{eV}{kT_i}\right) \end{cases} \tag{6.19}$$

仅考虑入射电子与离子的充电效应，且满足 $n_i \approx n_e$、$A_i \approx A_e$ 及 $T_i \approx T_e$，则电子与离子充电电流达到平衡，令式(6.19)中两子式相加等于 0，推导得到：

$$V = \frac{kT_e}{e}\ln\left[\left(\frac{m_e}{m_i}\right)^{0.5}\left(1-\frac{eV}{kT_e}\right)\right] \tag{6.20}$$

一阶近似情况下，GEO 航天器的电压与用电子伏特表示的电子温度成正比：

$$V \approx -2.5\frac{kT_e}{e} \tag{6.21}$$

式中，T_e 单位为 eV，其与单位为 K 的 T_e 的换算关系为：

$$T_e(\mathrm{eV}) = \frac{T_e(\mathrm{K})k(\mathrm{J/K})}{e(\mathrm{J/eV})} \tag{6.22}$$

(2)低轨航天器充电。

对于非极地低地球轨道而言，等离子体温度较低且密度较高：温度处于 1500～5000K，数量密度处于 8×10^{10}～5×10^{11} m^{-3}。与高轨航天器截然不同的是，低轨航天器的轨道速度远小于等离子体环境的电子速度，但稍大于离子速度，与其处于同一数量级。因此，离子不能沿航天器尾迹方向撞击航天器表面，而电子可撞击航天器所有表面，导致航天器尾迹表面积累大量负电荷；不穿越两极地区的低轨航天器充电仅为伏特量级，而穿越两极地区的低轨航天器会受到被地磁场加速的电子冲击，产生的负电压稍高。

低轨航天器充电的离子电流密度与航天器速度 v_S 相关，与电子无关。电子与离子电流密度计算公式为：

$$\begin{cases} J_e = \dfrac{en_e}{4}\left(\dfrac{8kT_e}{\pi m_e}\right)^{0.5} \\ J_i = -en_i v_S \end{cases} \tag{6.23}$$

对应的电子与离子电流计算公式为：

$$\begin{cases} I_e(V) = \dfrac{en_e A_e}{4}\left(\dfrac{8kT_e}{\pi m_e}\right)^{0.5}\exp\left(\dfrac{eV}{kT_e}\right) \\ I_i(V) = -en_i v_S A_i \end{cases} \tag{6.24}$$

仅考虑入射电子与离子充电效应，且满足 $n_i \approx n_e$、$4A_i \approx A_e$ 及 $T_i \approx T_e$，则电子与离子充电电流达到平衡，令式(6.24)中两子式相加等于 0，推导得到：

$$V = \frac{kT_e}{e}\ln\left(v_S\left(\frac{2\pi m_e}{kT_e}\right)^{-0.5}\right) \tag{6.25}$$

航天器充电一段时间后，各航天器部件间、航天器与太空环境间形成一定电压差。如果该电压差大于对应一定厚度绝缘材料的击穿电压(可通过查表得到相应数据，数据一般基于图 6.27 所示原理进行实验室测定[2,4,5])，则该绝缘材料可能被击穿。

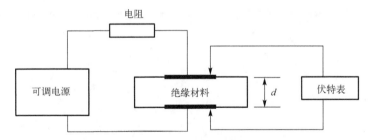

图 6.27 绝缘材料击穿电压及对应厚度测试原理

d 为绝缘材料厚度

6.4 设计分析策略

6.4.1 地面实验室模拟等离子体环境

地面实验室中，一般采用微波电子回旋共振(electron cyclotron resonance，ECR)

等离子体源近似模拟太空等离子体的密度与能量，用于分析电离层等离子体对太阳电池阵等航天器设备的影响机理。表 6.2 给出了早些年国内外地面模拟试验常用的等离子体设备参数[4-7]。

表 6.2　地面模拟试验常用等离子体设备参数

科研单位	容器尺寸(圆柱)	等离子体密度	等离子体源类型
中国科学院国家空间科学中心	$\phi 1m$、$h2.4m$	$10^7 cm^{-3}$	发散场微波 ECR
北京卫星环境工程研究所	$\phi 0.8m$、$h1m$	$10^4 \sim 10^6 cm^{-3}$	磁镜场微波 ECR
约翰逊(Johnson)空间中心	$\phi 16.8m$、$h27.4m$	$10^6 cm^{-3}$	空心阴极
刘易斯(Lewis)研究中心	$\phi 18.3m$、$h24.6m$	$10^6 cm^{-3}$	空心阴极
	$\phi 30.5m$、$h37.2m$	未公布	未公布
美国海军研究实验室	$\phi 1.7m$、$h5.3m$	$10^7 cm^{-3}$	微波谐振腔
印度等离子体研究所	$\phi 2m$、$h3m$	$10^{11} cm^{-3}$	多灯丝矩阵

注：ϕ 表示半径，h 表示高度。

6.4.2　航天器充电分析

航天器在轨运行时，太空等离子体环境(包括太阳光的入射光子)对航天器表面的作用机理如图 6.28，粒子种类及影响因素繁多(图 6.29)、物理机理复杂。因此，在进行航天器充电分析时，一般采用两种方式：初步快速估算和系统详细研究。在总体方案设计阶段，一般采用初步快速估算方式进行航天器表面电压分析，即采用式(6.16)进行估算；在分系统设计阶段，一般采用系统详细研究方式，需要借助相应的试验系统(图 6.30[1-3])及成熟软件，如 NASA 与美国空军研究实验室联合开发的 NASCAP-2K、ESA 开发的 SPENVIS(space environment information system，空

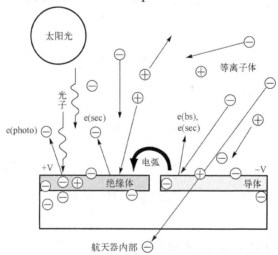

图 6.28　太空等离子体环境对航天器表面的作用机理
图中 photo 表示光电子；bs 表示后向散射电子；sec 表示次级电子

间环境信息系统)、日本开发的 MUSCAT 以及我国自主研发的太空等离子体软件等。其中，NASCAP-2K 已得到多类航天任务实测数据验证及广泛应用，其用户界面如图 6.31 所示，具备如下功能：自主定义航天器表面几何、航天器邻域太空环境网格化、计算航天器表面充电平衡电压等。

图 6.29　航天器充电影响因素

图 6.30　常用航天器充电分析测试系统(见彩图)

图 6.31　NASCAP-2K 用户界面

（1）自主定义航天器表面几何。

基于 NASCAP-2K 软件内置模块（见图 6.32，OSR 为光学太阳反射镜，Kapton 为一种材料名称）或第三方三维几何软件建模并按需导入以定义航天器表面几何，如图 6.33 所示。

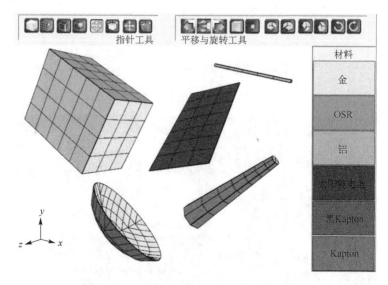

图 6.32　NASCAP-2K 的内置模块（见彩图）

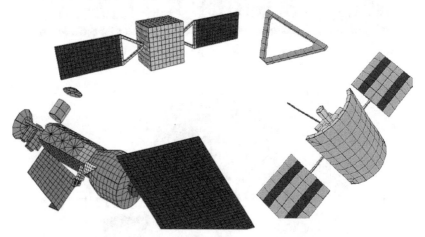

图 6.33　基于 NASCAP-2K 内置模块建立的典型航天器表面几何（见彩图）

（2）算例分析：GEO 航天器充电。

第一步：建立航天器几何、赋予各部分材料属性并按需对其进行网格划分，如图 6.34 所示。

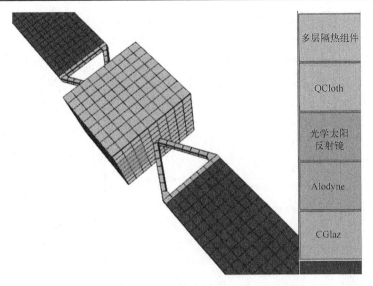

图 6.34　GEO 航天器表面几何建立与网格化及其材料属性（见彩图）

第二步：充电问题建模（图 6.35）。

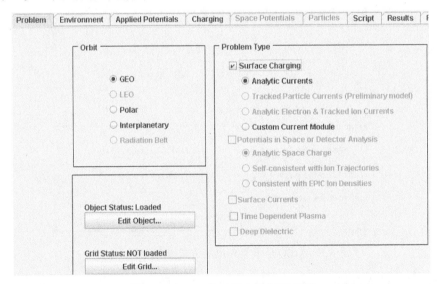

图 6.35　GEO 航天器充电问题建模

第三步：设定等离子体环境参数。

通过选取 GEO 等离子体环境的温和或恶劣状态进行设定，自动对应的参数包括电子/离子的数量密度、温度、电流等；设定航天器姿态相对太阳的指向，如图 6.36所示。

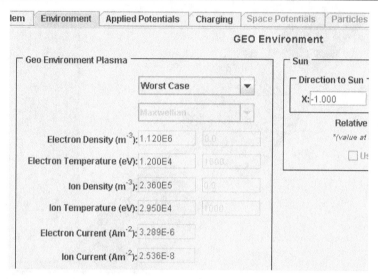

图 6.36　GEO 等离子体环境设置

此外，还需设定充电仿真分析周期及步长，如图 6.37 所示。

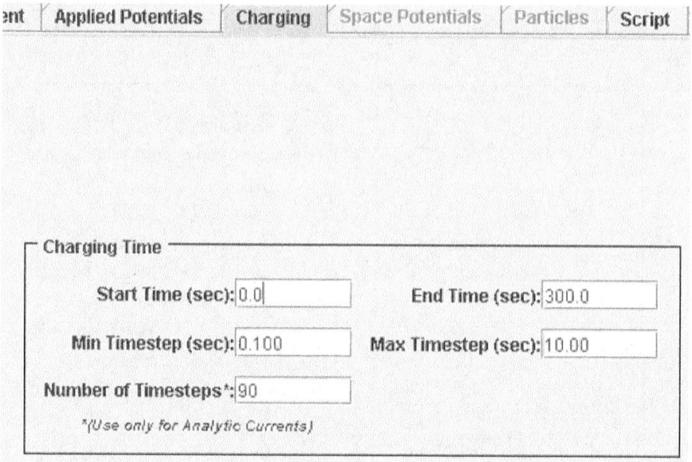

图 6.37　GEO 航天器充电的仿真周期及步长设定

第四步：结果分析。

仿真结果如图 6.38 所示，给出了每一个网格的充电电压及各种电流情况。以编号 763 的网格为例，在 GEO 恶劣等离子体环境中，航天器表面充电可达–6791V；进一步分析可知，将对应的等离子体参数代入估算公式 (6.16)，可得平衡电压为–6500V，与采用 NASCAP-2K 软件详细计算的结果偏差较小，说明估算公式具有可行性。

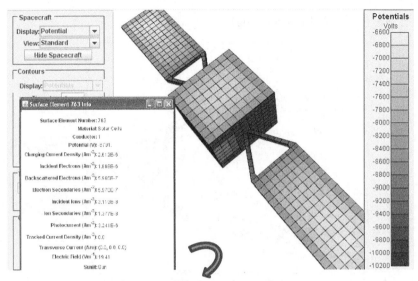

图 6.38 GEO 航天器充电的仿真结果(见彩图)

6.4.3 航天器充放电影响的避免策略

一般而言,航天器充放电影响的避免策略分为 5 大类[8-10]:一般策略、表面充放电避免策略、内部充放电避免策略、太阳能帆板充放电避免策略、特定场景应用充放电避免策略。一般策略主要包括:

(1)航天器轨道尽可能避开表面充电的高风险区域(图 6.39);

(2)航天器电子元器件的电屏蔽(如法拉第笼),其等效铝厚度(aluminum-equivalent thickness)一般不低于 3mm;

(3)关键部位适当接地(grounding)。

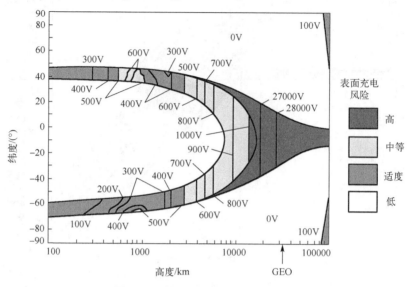

图 6.39　航天器表面充电风险区域

　　航天器太阳能阵列的接地至关重要，一般采用 3 种接地方式(图 6.40)[1-3]：阴极接
地(太阳能阵列的阴极与航天器表面相连)、阳极接地(太阳能阵列的阳极与航天器表面
相连)、悬浮接地(太阳能阵列的阳极/阴极不与航天器表面连接)。如果航天器阳极接地，
则地电位保持正电压，电压约为太阳能阵列电压的 10%～25%；如果航天器阴极接地，
则地电位保持负电压，电压约为太阳能阵列电压的 75%～90%，该种情况较危险，会

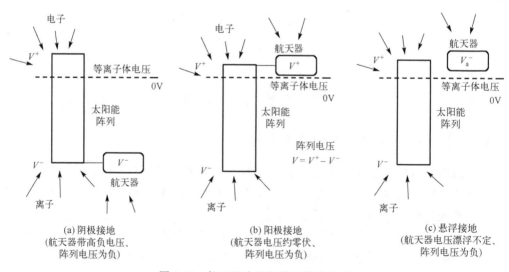

图 6.40　航天器太阳能阵列接地方式

增加地与绝缘表面之间产生电弧放电的可能性。虽然危险，但由于多数电子组件需利用阴极接地，大部分航天器采用阴极接地，如国际空间站采用阴极接地。

参 考 文 献

[1] 艾伦·C·特里布尔. 空间环境[M]. 唐贤明, 译. 北京: 中国宇航出版社, 2009.

[2] Pisacane V L. The Space Environment and Its Effects on Space Systems[M]. Reston: AIAA Education Press, 2008.

[3] 文森特·L·皮塞卡. 空间环境及其对航天器的影响[M]. 张育林, 陈小前, 闫野, 译. 北京: 中国宇航出版社, 2011.

[4] 冯宇波, 王世金, 关燚炳. 空间等离子体对飞船对接过程的充放电影响[J]. 上海航天, 2013, 30(1): 53-58.

[5] 李小江. 空间等离子体环境对电子设备的充放电效应[D]. 西安: 西安电子科技大学, 2009.

[6] 张文彬. 空间等离子体主动试验的实验研究及工程样机研制[D]. 北京: 中国科学院空间科学与应用研究中心, 2010.

[7] 贾瑞金. 地面实验室模拟空间等离子体环境的初步测试[J]. 航天器环境工程, 2005, 22(3): 163-167.

[8] Garrett H B, Whittlesey A C. Guide to Mitigating Spacecraft Charging Effects[M]. Hoboken: Wiley Press, 2012.

[9] AIAA. Guide to Reference and Standard Ionosphere Models[M]. Reston: AIAA, 1999.

[10] Baumjohann W, Treumann R A. Basic Space Plasma Physics[M]. London: Imperial College Press, 1996.

第7章　辐射环境及其影响

"我的天！太空充满辐射。"1958年美国航天学家范·艾伦利用搭载于航天器探险者 1 号(Explorer 1)的盖革计数器探测到地球附近空间存在高能粒子辐射带后如是说！

1959年5月，范·艾伦作为地球辐射带的发现者登上《时代》杂志周刊封面。从此，人类航天活动开始关注及研究太空辐射环境与影响，包括辐射源、辐射原理、辐射屏蔽、地面辐射试验等。

7.1　辐　射　环　境

维基百科中，"辐射"定义为：能量以电磁波或者粒子运动的形态，在真空或介质中传播。其中，电磁波主要包括微波、可见光、X 射线、γ 射线；辐射粒子主要包括带电粒子(电子、质子、重离子、α 和 β 粒子)、中子等。依据太空物理环境所存在的电磁波及粒子形态，太空辐射指高能的带电粒子、电磁波(主要为 X 和 γ 射线，体现为光子形态)、中子向航天器表面及内部材料的能量转移。物质由原子组成，原子包括原子核及核外高速绕核旋转的电子。因此，从本质上来说，太空辐射可进一步理解为高能的带电粒子、光子和中子与航天器材料原子之间的相互作用(图 7.1)[1-3]。

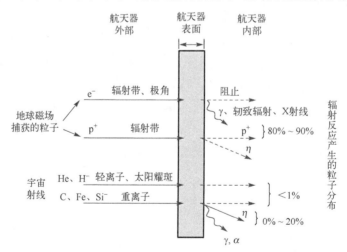

图 7.1　高能粒子/光子与航天器材料原子相互作用

　　根据入射光子或粒子所含能量,其对航天器材料会产生不同的辐射效应及影响,分为非电离辐射与电离辐射:非电离辐射指辐射能量可使分子中的原子移位或产生振动,通过产生热量或原子置换损害材料或人体组织,但能量不足以转移原子中的电子;电离辐射指辐射具有足够能量使受束缚的电子从原子中分离,产生离子和电荷的再分布,使航天器电子元器件发生故障。

　　航天器在轨运行面临的辐射源主要包括 3 大类:银河宇宙射线(GCR)、太阳质子事件(SPE)、范·艾伦辐射带及其涵盖的南大西洋异常区(SAA)。

7.1.1　GCR

1) 来源

　　顾名思义,GCR 为来源于宇宙银河系的高能粒子。目前,GCR 的产生原理尚未完全确定,但已有证据显示超新星爆发(图 7.2)为其主要来源。

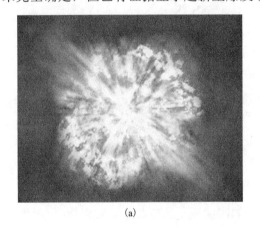

(a)　　　　　　　　　　　　　　　　　(b)

图 7.2　银河系超新星爆发(见彩图)

2) 能量粒子组成与特点

　　GCR 粒子成分及通量、能量分布如表 7.1 所示:α 粒子含有 2 个质子和 2 个电子,相当于 1 个氦原子核;重离子为比质子重的带电粒子,如带电的氦、碳、氖等离子;能量极高、通量极低。

表 7.1　GCR 粒子组成及参数

组成	能量	通量
质子:87% α 粒子:12% 重离子:1%	最高可达 10^{20}eV	1~10 个/(cm²·s)

此外，GCR 高能粒子还具有两类特殊规律(图 7.3)[1-3]：太阳活动高年，由于太阳质子事件所喷射高能质子较多，其对 GCR 主要成分的质子起排斥作用，屏蔽其进入太阳系空间，因此太阳活动高年的 GCR 粒子通量反而较低；GCR 各种类型粒子的平均摩尔通量随摩尔能量变化，变化规律为先增加后减小，基本都在平均摩尔能量 10^9eV/amu 处取摩尔通量最大值。

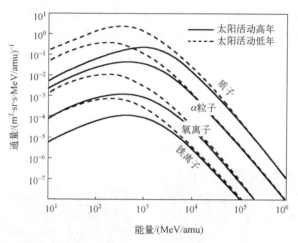

图 7.3　GCR 粒子摩尔通量与摩尔能量
amu 为原子质量单位，1amu = $1.66053886 \times 10^{-27}$kg

7.1.2　SPE

1) 来源

顾名思义，SPE 主要为来自于太阳辐射的高能质子。当太阳活动剧烈时(表现为发生日冕物质抛射或太阳耀斑)，其向外喷发大量高能带电粒子(图 7.4)。

图 7.4　太阳质子事件喷射大量高能带电粒子(见彩图)

2) 能量粒子组成与特点

到达地球大气层附近的 SPE 粒子组成成分、通量及能量分布如表 7.2 所示，质子为主要成分。

表 7.2　SPE 粒子组成及参数

组成	能量	通量
绝大部分为质子，α 粒子约占 5%～10%	等效速度为 300～1000km/s	数量密度为 1～10 个/cm³

7.1.3　范·艾伦辐射带

1) 来源

地磁场作用可延伸至距地心一百多万千米范围，以磁偶极子表征的地磁场形状如图 7.5 所示，在地球外部磁力线由地理南极流向地理北极（north geographical pole）；范·艾伦辐射带由地磁场捕获 GCR 及 SPE 产生的高能带电粒子（质子、电子）形成。

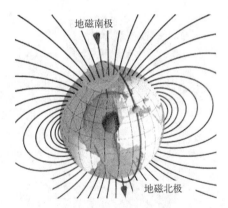

图 7.5　地磁场极性及磁力线（见彩图）

范·艾伦辐射带的基本构型如图 7.6 所示，包括两个厚度及南北纬度约束的辐射带：内质子辐射带和外电子辐射带。然而，由于地磁轴与地球自转轴不重合（夹角约 11°，中心相距约 500km，见图 7.7)[1-3]，在南半球偏西地区高空形成一个地磁异常区域（该区域属于负磁异常区，地磁感应强度较同纬度地区减弱，约为同纬度正常区域磁感应强度的一半)，内质子辐射带距地表高度在南大西洋上空区域下降到 200km 左右，这一部分辐射区域称为南大西洋异常区（SAA)。

2) 能量粒子组成与特点

内质子辐射带和外电子辐射带基本参数可由纬度覆盖、高度覆盖、主体粒子及能量表征，具体数值如表 7.3 所示。由纬度覆盖范围可以看出，外电子辐射带相较内质子辐射带流动性更大，且正常情况下内质子辐射带距地表高于 600km。

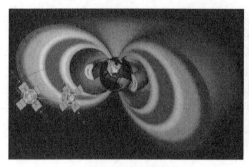
(a) 双探测器穿越辐射带

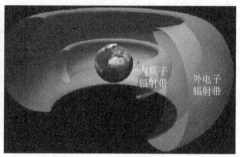
(b) 辐射带基本构型

图 7.6　探测航天器穿越范·艾伦辐射带及辐射带基本构型（见彩图）

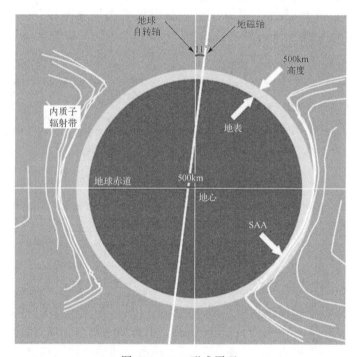

图 7.7　SAA 形成原理

表 7.3　范·艾伦辐射带参数

	纬度覆盖/(°)	高度覆盖	主体粒子	能量/ MeV
内质子辐射带	±40	$(1.1\sim3.3)R_E$	质子	>10
外电子辐射带	±(55~70)	$(3.3\sim5.6)R_E$	电子	<10

SAA 覆盖范围为南纬–50°~0°、西经–85°~0°，由于巴西国土大部分位于该区域，SAA 亦称为巴西异常区。SAA 主要为地球内质子辐射带下沉所致，因此其主要成分为高能质子，重点影响 LEO 航天器，如已退役的哈勃太空望远镜每天穿梭 SAA 十余次，受该辐射带影响较大，为此航天飞机曾经多次在轨维修哈勃太空望远镜。此外，需要注意的是，由于地磁场存在长期漂移，SAA 也存在长期变化：图 7.7 中，地磁偶极子的 S 极逆时针旋转，每年漂移约 0.014 角秒。

不同辐射源的能量粒子/光子的通量与能量存在显著差别（图 7.8）[1-3]：质子辐射一般具有面域属性，而电子辐射的粒子能量与粒子通量一一对应。

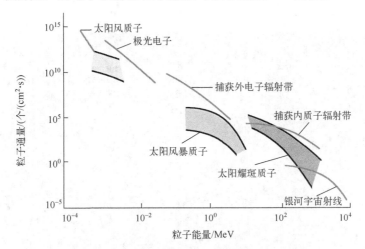

图 7.8　主要太空辐射源所含粒子能量与粒子通量

图 7.9 给出了范·艾伦辐射带与 SPE 主要存在区域，由图中分析可知：中低轨

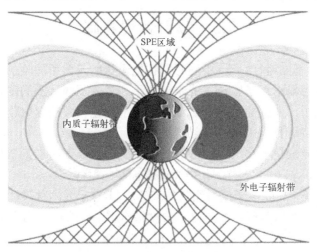

图 7.9　不同轨道航天器面临的太空辐射源（见彩图）

航天器主要受质子辐射影响，高轨航天器主要受电子辐射影响；在地磁两级区域，由于存在捕获高能带电粒子豁口，极轨航天器主要受直接来自于 SPE 的辐射影响，能量与范·艾伦内质子辐射带相当。不同轨道航天器面临的各异太空辐射源，在进行航天器任务分析或航天器屏蔽设计时，需分门别类考虑设计参数、评价指标、运行轨道等。

此外，随着太空辐射环境数据的大量监测、搜集与分析，科学家发现在内质子辐射带内部存在一条辐射带，该辐射带的主要粒子为星际高能带电粒子，如图 7.10 所示(图中 SAMPEX 为探测辐射环境的知名航天器，该辐射带的具体物理参数尚未形成共识)。

图 7.10　星际高能带电粒子形成的第三辐射带(见彩图)

7.2　辐射物理基础

7.1 节介绍了不同运行轨道、不同时期在轨运行航天器所面临的辐射源具有较大差异，主要表现为辐射粒子、粒子能量、粒子通量等不同。不同能量的各异粒子对航天器材料或电子元器件的影响截然不同，本节阐述相关的辐射物理原理，并介绍航天器设计与在轨运行常采用的辐射屏蔽措施。

依据"3 类能量粒子×3 种不同能量"，太空高能粒子对航天器作用的物理原理梳理如图 7.11 所示，总共 9 类，其中光子表征高能射线。

需要注意的是，高能粒子或射线与航天器材料/电子元器件发生作用不是一步到位的，而是会产生级联效应：A 类粒子与材料作用不仅会产生 A 类粒子，也会产生其他类型粒子，且该过程会持续演变直到粒子能量被完全吸收或设定分析目标达到，如图 7.12 所示，形成混杂的辐射效应。

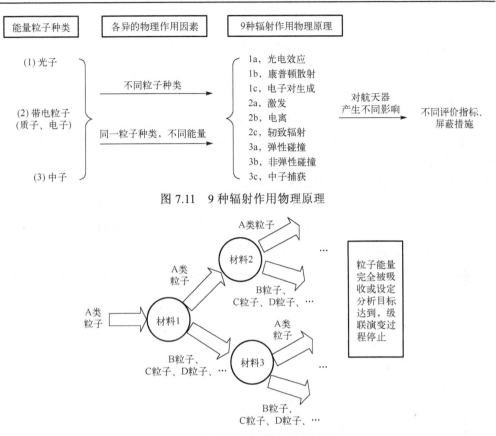

图 7.11　9 种辐射作用物理原理

图 7.12　能量粒子辐射的级联效应

下面从高能粒子或射线转移多少能量给航天器材料的原子、该过程产生何种粒子、辐射过程表征参数等 3 个方面概要介绍图 7.11 所示 9 类辐射物理原理。

7.2.1　光子辐射及其屏蔽原理

光子特点：无静止质量、光速运行、不带电；光子辐射与航天器材料原子产生作用的前提为发生碰撞。根据入射光子能量的不同，光子辐射原理包括光电效应（photoelectric effect）、康普顿散射（Compton scattering）、电子对生成（pair production）。

1) 光电效应

入射光子能量不够高，与航天器材料原子发生碰撞后，入射光子能量全部传递给航天器材料原子，且该能量使绕原子核高速运转的核外电子脱离原子核束缚，产生近似光速运行的自由电子，称之为光电子。

(1) 能量传递：入射光子能量全部传递给航天器材料原子的核外电子。

光电子动能 = 入射光子动能 − 原子核束缚电子能量

(2)产物：原子核和光电子。

(3)以硅材料为例，光电效应辐射发生的对应入射光子能量大致范围：<50keV。

2)康普顿散射

入射光子能量大于发生光电效应对应的能量，发生碰撞后，入射光子能量一部分传递给核外电子，使其脱离原子核束缚，同样产生近似光速运行的自由电子；此外，剩余能量(低于发生光电效应对应的能量，否则可能持续剥离其他核外电子)对应的入射光子与核外电子发生碰撞后散射。

(1)能量传递：入射光子能量一部分传递给航天器材料原子的核外电子。

光电子动能 = 入射光子动能 − 原子核束缚电子能量 − 低能散射光子动能

(2)产物：原子核、光电子和低能散射光子。

(3)以硅材料为例，康普顿散射辐射发生的对应入射光子能量大致范围：50keV～20MeV。

3)电子对生成

入射光子能量大于发生康普顿散射对应的能量，此时，入射光子将能突破核外电子屏障，深入与原子核发生碰撞，生成一部分不稳定的正电子(带正电荷的电子，寿命极短)。

(1)能量传递：入射光子将能量全部传递给原子核。

(2)产物：正电子和光电子。

(3)以硅材料为例，电子对生产辐射发生的对应入射光子能量大致范围：>20MeV。

基于此，整理光电效应、康普顿散射、电子对生成 3 类光子辐射的主导区域如图 7.13 所示[1-3]：原子序数(atomic number)定义为元素在周期表中的序号，数值上等于原子核的核电荷数(质子数)或中性原子的核外电子数，以大写字母 Z 表征；两条等概率粗实线表示其两边的辐射效应都可能发生，近似呈大写汉字"八"趋势。对于光电效应与康普顿散射而言，Z 越大，说明核外电子数越多，想突破光电效应发生康普顿散射所需的能量越大；对于康普顿散射与电子对生成而言，此时入射光子已突破核外电子屏障，Z 越大，质子数越多，光子与质子的碰撞概率(collision probability)越高，所需能量越小；康普顿散射居于光电效应与电子对生成之间。

由于入射光子与目标材料发生辐射作用的前提为碰撞，因此，定义光子辐射屏蔽的能力指标为线性衰减系数 μ 或质量衰减系数 μ_m：

$$\begin{cases} \mu = N\sigma \\ \mu_m = \mu\rho^{-1} \end{cases} \tag{7.1}$$

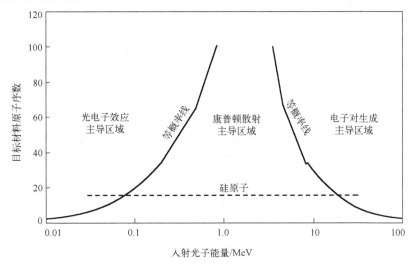

图 7.13　3 类光子辐射主导区域及与目标材料原子序数的关系

式中，ρ 为目标材料密度（g/cm³）；N 为目标材料原子核数密度（nucleus/cm³）；σ 为散射截面积（表征碰撞概率，单位为 cm²/nucleus），满足：

$$\sigma = \sigma_{光电效应} + \sigma_{康普顿散射} + \sigma_{电子对生成} \tag{7.2}$$

　　μ 越大，表示对入射光子辐射的屏蔽效果越好；μ_m 进一步考虑了屏蔽材料的密度，便于工程设计中引入质量约束。图 7.14 给出了 4 类典型材料 μ_m 与入射光子能量的关系[1-3]，分析可知，考虑屏蔽材料质量情况下，铅对入射光子辐射的屏蔽效果较好。

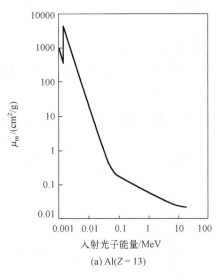

(a) Al($Z = 13$)

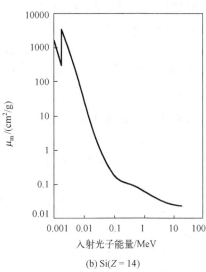

(b) Si($Z = 14$)

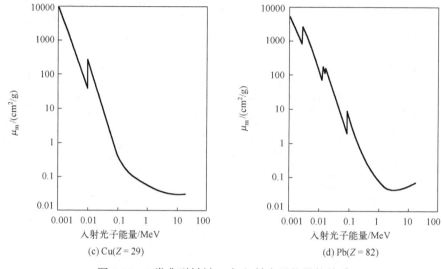

图 7.14　4 类典型材料 μ_{m} 与入射光子能量的关系

7.2.2　带电粒子辐射及其屏蔽原理

带电粒子特点：有静止质量、带正电或负电；带电粒子辐射与航天器材料原子自发产生作用，原理为静电场力非接触吸引或排斥。根据入射带电粒子能量的不同，带电粒子辐射原理包括激发(excitation)、电离、轫致辐射(bremsstrahlung)。

1) 激发

入射带电粒子通过静电力作用传递能量给核外电子，使其运动速度加快，但能量不足以使核外电子脱离原子核。

(1) 能量传递：入射带电粒子将能量全部传递给核外电子。

(2) 产物：无新产物，包括无能量的带电粒子及原子(核外电子运动速度加快)。

2) 电离

入射带电粒子能量升高，通过静电力作用传递能量给核外电子，使其电离并脱离原子核束缚。

(1) 能量传递：入射带电粒子将能量全部传递给核外电子，部分核外电子接收到的能量足以使其脱离原子核束缚。

(2) 产物：原子核、无能量的带电粒子和自由电子。

3) 轫致辐射

入射带电粒子运动方向偏离原子核，原子核电场使带电粒子加速、减速或改变方向，过程损失的能量以光子形式向外释放(图 7.15)。

（1）能量传递：由于原子核电场作用，入射带电粒子能量产生损失并以光子形式释放。

（2）产物：原子核、减小能量的带电粒子和光子。

由于带电粒子与航天器材料原子作用为电场力远程作用，因此，定义带电粒子辐射屏蔽的能力指标为阻止功率 S 或传能线密度（linear energy transfer，LET）。

（1）阻止功率 S。

带电粒子在目标材料内部行进单位距离所损失的能量（单位为 keV/μm），数学表示为 $S \equiv -\mathrm{d}E / \mathrm{d}x$，$E$ 为带电粒子的能量。

（2）传能线密度 LET。

带电粒子在目标材料内部行进单位距离时，目标材料所吸收的能量（单位为 keV/μm），数学表示为

$$\mathrm{LET} \equiv \mathrm{d}E_d / \mathrm{d}x \approx -\mathrm{d}E / \mathrm{d}x$$

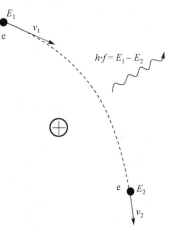

图 7.15　韧致辐射原理

式中，E_d 为目标材料吸收的能量。一般而言，由于存在光子能量损失等，$E_d < E$，但两者偏差非常小。此外，进一步考虑目标材料密度因素，有时也采用指标 $\mathrm{LET}_\rho \equiv \mathrm{d}E_d /(\rho \mathrm{d}x)$。

典型材料的 LET_ρ 与入射质子能量的关系如图 7.16 所示[1-3]，分析可知，对光子屏蔽效果较差的铝对带电粒子辐射效果反而较好：LET_ρ 越大，表明单位尺寸屏蔽材料沉积的辐射能量越大，屏蔽效果越好。

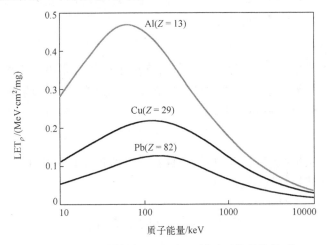

图 7.16　典型材料的 LET_ρ 与入射质子能量的关系

此外，给定屏蔽材料 LET、入射带电粒子辐射能量 E，该带电粒子能穿透的屏蔽材料厚度估算为：

$$R = \int_0^x \mathrm{d}x = \int_E^0 \left(\frac{\mathrm{d}x}{\mathrm{d}E}\right)\mathrm{d}E = -\int_0^E \left(\frac{\mathrm{d}x}{\mathrm{d}E}\right)\mathrm{d}E = \int_0^E \frac{\mathrm{d}E}{S} \approx -\int_0^E \frac{\mathrm{d}E}{\mathrm{LET}} \tag{7.3}$$

7.2.3　中子辐射及其屏蔽原理

中子特点：不带电，质量略大于质子质量；中子辐射与航天器材料原子产生作用的原理与光子基本一致，都是通过碰撞进行能量传递。然而，中子辐射与光子辐射存在显著区别：中子有质量而光子无，光子主要与核外电子作用，而中子主要与原子核作用(几乎不与核外电子作用，质量远远不对等)；光子辐射屏蔽的材料选型取决于材料密度，因此高密度材料(如铅)成为首选，而中子辐射屏蔽一般选取富氢材料。

由于中子辐射的原理仍然为碰撞传递能量，则本节仅通过前两个因素(即有多少能量从中子传递给目标原子核和产生什么粒子)进行中子辐射原理介绍，包括弹性散射、非弹性散射、中子捕获。

1) 弹性散射

当入射中子能量较低(1～10MeV)，中子与原子核发生的碰撞主要为弹性碰撞：满足能量守恒，中子传递的能量全部转化为原子核的能量；当产生碰撞的两粒子质量相等时，传递的能量最多。由于中子质量略大于质子质量，因此当目标材料的原子序数 $Z = 1$ 时，吸收入射中子的能量最多，为良好的中子辐射屏蔽材料。H 的原子序数为 1，则富氢材料(如塑料、水等)为中子辐射屏蔽首选，而光子辐射屏蔽的优选材料铅($Z = 82$)较难屏蔽中子辐射。

2) 非弹性散射

当入射中子能量进一步提高，中子与目标原子核发生碰撞的原理为非弹性碰撞，有一部分中子能量被原子核吸收并释放出光子；入射中子能量越高、原子核尺寸越大，发生非弹性散射的概率越大。

3) 中子捕获

当入射中子能量继续提高，其能量将会通过碰撞被目标原子核全部吸收，且中子会被原子核捕获形成同位素。

7.3　辐射环境影响

太空辐射环境对航天器的影响主要包括内部充放电、移位损伤、总电离剂量效应及单粒子事件等 4 类。其中，前 2 类属于非电离损伤，后 2 类属于电离损伤；充放电效应已在等离子体环境进行了介绍，本章不再赘述。太空辐射环境对航天器能否产生损伤取决于 3 个因素：辐射通量、辐射剂量、航天器材料可承受的辐射损伤阈值。太空辐射环境分析与研究中，经常用到 2 个单位：拉德(rad，英制单位)和戈瑞(Gy，国际标准单位)，其中 1rad = 0.01J/kg，1Gy = 100rad = 1J/kg。

太空辐射环境对航天器主要元器件可能产生的效应如表 7.4 所示[4,5]。

表 7.4　航天器主要元器件可能发生的辐射效应

器件	隶属功能模块	可能发生的辐射效应
FPGA(field programmable gate array，现场可编程门阵列)、DSP(digital signal processor，数字信号处理器)、SRAM(static random access memory，静态随机存储器)等	时序发生电路、数据合成电路	总电离剂量效应、单粒子事件(翻转/瞬态干扰/栓锁)
MOSFET(metal-oxide-semiconductor field effect transistor，金属-氧化物-半导体场效应晶体管)驱动器	驱动电路	总电离剂量效应、单粒子事件(烧毁/瞬态干扰/栅击穿)
双极型运算放大器	滤波电路	总电离剂量效应、单粒子事件(瞬态干扰)
视频处理专用器件	视频信号处理电路	总电离剂量效应、单粒子事件(翻转/瞬态干扰/栓锁)
CCD(charge-coupled device，电荷耦合器件)	探测器	总电离剂量效应、移位损伤

7.3.1　移位损伤

基本定义：航天器材料的原子被入射高能质子撞击而离开原先位置(原子间通过共价键和离子键分别连接成分子与离子化合物，入射质子能量大于原子间连接的化学键能)，造成材料性能损伤。

移位损伤原理如图 7.17 所示[1-3]：航天器电子元器件一般由硅晶研制而成；高能质子入射撞击前，原子在分子晶格中规则排列，保持着航天器电子元器件的设计性能；高能质子撞击后，原子之间的化学键断裂，原子自由移动到晶格中的其他位置，产生空穴，航天器电子元器件性能下降。

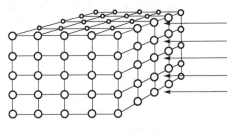
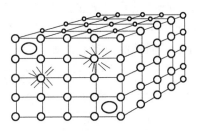

(a) 规则的分子晶格(高能质子撞击前)　　　　(b) 原子移位及留下的空穴

图 7.17　原子移位损伤

移位损伤主要影响航天器电子元器件中少数载流子的寿命，进而影响晶体管增益。

7.3.2 总电离剂量效应

基本定义：航天器电子元器件遭受超过阈值的辐射剂量而产生电离，造成性能下降或故障。

除了地球辐射带，近地太空环境的辐射粒子剂量率一般为 $10^{-4}\sim10^{-2}$rad/s。由于航天器在轨工作寿命至少为几年，经测试数据统计，航天器整个寿命期间累积辐射剂量不低于 10^5rad。随着累积的辐射剂量逐年增多，航天器内部电子元器件性能逐渐恶化，图 7.18 为某型在轨应用 FPGA 的输入-输出电流（I_{CCI}）、逻辑门开关电流（I_{CCA}）与累积辐射剂量的关系，分析可知：随着辐射剂量增多，I_{CCI} 及 I_{CCA} 逐渐增大，一旦大于 FPGA 正常工作允许的电流阈值，则 FPGA 性能下降或损坏。

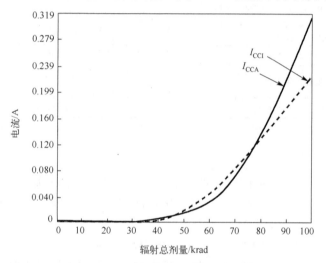

图 7.18　某型 FPGA 的电流与累积辐射剂量关系

典型材料的抗辐射损伤剂量阈值如表 7.5 所示[1-3]：未穿航天服的宇航员最多能承受 10^2rad 的辐射剂量，而未进行特殊处理的电子元器件最多能承受 10^4rad。因此，宇航员出舱活动必须穿航天服，而上天使用的电子元器件也必须进行特殊处理，使其抗辐射剂量能力提高，如表 7.6 所示[1-3]。

表 7.5　典型材料的抗辐射损伤剂量阈值

材料	抗辐射损伤剂量阈值/rad
生物类	$10\sim10^2$
电子类	$10^2\sim10^4$
润滑剂、液压油	$10^5\sim10^7$

续表

材料	抗辐射损伤剂量阈值/rad
陶瓷、玻璃	$10^6 \sim 10^8$
聚合材料	$10^7 \sim 10^9$
结构金属	$10^9 \sim 10^{11}$

表 7.6　经过特殊处理的电子元器件抗辐射损伤剂量阈值

电子元器件	抗辐射损伤剂量阈值/rad
CMOS	$10^3 \sim 10^6$
MNOS（metal nitride oxide semiconductor，金属氮氧化物半导体）	$10^3 \sim 10^6$
NMOS（N-metal-oxide-semiconductor，N 型金属-氧化物-半导体）	$10^2 \sim 10^4$
PMOS（positive channel metal oxide semiconductor）	$10^3 \sim 10^5$
ECL（emitter coupled logic，发射极耦合逻辑）	10^7
I^2L（integrated injection logic，集成注入逻辑）	$10^5 \sim 10^6$
TTL（transistor-transistor logic，晶体管-晶体管逻辑）/STTL（Schottky transistor-transistor logic，肖特基晶体管-晶体管逻辑）	$>10^6$

7.3.3　单粒子事件

基本定义：高能带电粒子(主要来源于银河宇宙射线及太阳质子事件的重离子、质子)作用，使得航天器电子元器件瞬时遭受损伤，主要包括单粒子翻转及栓锁等。

(1)单粒子翻转：单个高能入射粒子进入航天器半导体器件灵敏区(如微处理器、半导体存储器或功率晶体管)中引起效应，导致存储单元发生位翻转(即内容由 0 变为 1，或由 1 变为 0)，由此引起的仪器错误。单粒子翻转效应是可逆的，可以通过断电重启及程序代码更新等手段修复。

(2)单粒子栓锁：单个高能入射粒子使电子元器件的可控硅结构触发导通，由此在电源与地之间形成的低电阻大电流通路现象。易发生于 CMOS 等器件的整流器(图 7.19 为整流器的截面及电路图)，使其电源与地之间电流回路锁定在大电流，进而烧毁电子元器件。

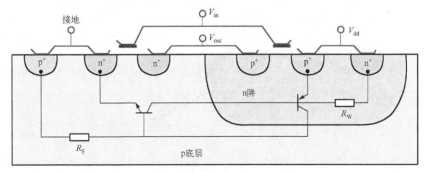

图 7.19　CMOS 整流器截面及电路(见彩图)

7.4　设计分析策略

1) 空间辐射环境数据测量

载人航天任务中，为保障宇航员生命安全，一般携带相关辐射探测器进行高能粒子探测，按工作原理分为无源和有源辐射探测器[6,7]。

(1) 无源辐射探测器。

包括热致发光探测器和固态核径迹探测器：热致发光探测器主要测定带电粒子的吸收剂量，对于低 LET(小于 10keV/μm)粒子非常灵敏，但不能提供 LET 信息。

(2) 有源辐射探测器。

可提供太空辐射环境实时或具有一定时间分辨率的测量数据，如 NASA 约翰逊空间中心研制的等效生物组织比例计数器等。

2) 空间辐射环境模型建立

目前，许多组织建立了空间辐射环境模型，绝大部分都经过了太空测量数据的检验。由图 7.20 的模型对比分析可知[1-3]，每一类模型都存在应用的时间/空间约束，需根据具体在轨任务选取。

(1) SPE 模型。

SPE 的粒子通量具有较大随机性，模型建立一般采用统计方法，包括 King/ Stassinopoulos、JPL91(太阳质子剂量)以及太阳质子喷射(emission of solar protons，ESP)等模型。图 7.21 给出了 3 类 SPE 模型两年间的辐射剂量积分与实测数据(PSYCHIC)对比[1-3]。

(2) GCR 模型。

包括美国的 CREME(cosmic ray effects on micro-electronics，宇宙射线对微电子的效应)模型(美国海军研究实验室研制，第一个用于描述 GCR 环境的模型，着重

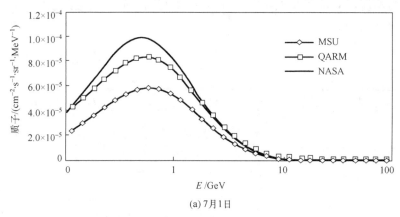

(a) 7月1日

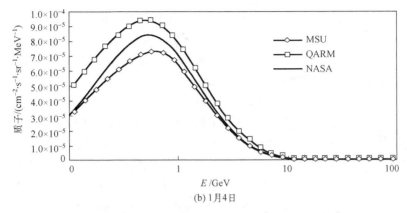

(b) 1月4日

图 7.20　不同时间段的 3 类 GCR 模型对比

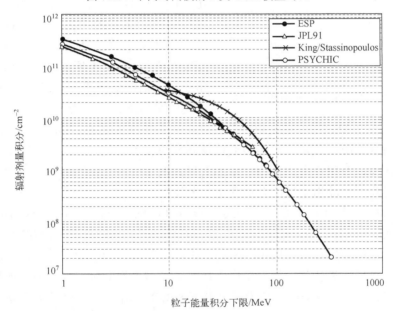

图 7.21　SPE 模型数据与实测数据（PSYCHIC）对比

分析高能粒子对航天器电子元器件的影响）、NASA 模型、MSU（Michigan State University，密歇根州立大学）模型以及英国的 QARM（QinetiQ atmospheric radiation model，QinetiQ 公司的大气辐射模型）等。图 7.22 给出了 ACE 卫星上 CRIS（cosmic ray isotope spectrometer，宇宙射线同位素分光计）及 SIS（solar isotope spectrometer，太阳同位素分光计）两类仪器测量数据与 NASA、MSU 模型计算数据的对比[1-3]，分析可知，两类模型的精度都较高，且数据特性与 GCR 环境特点一致：随着粒子动能的增加，粒子通量先增加再减小，对应的粒子动能存在一个共同的极大值点，约为 10^9MeV/amu。

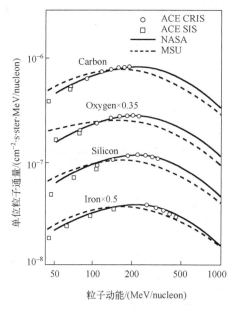

图 7.22　GCR 模型数据与实测数据对比

（3）地球辐射带模型。

包括 NASA 的 AP/AE 序列，NOAA（National Oceanic and Atmospheric Administration，美国国家海洋和大气局）的 NOAAPRO、IGE2006 等静态模型，以及 CRRESPRO 和 CRRESELE，ESA 的 SEE1、Salammbo 等动态模型。

NASA 的静态 AP8 质子和 AE8 电子模型为该领域的标准模型，属于经验模型：基于 1958～1978 的测量数据，NASA 于 20 世纪 70 年代研制，给出了全维的范·艾伦辐射带质子和电子的通量及能量静态分布信息；AP8 存在两个版本，即 AP8MAX 和 AP8MIN，分别用于模拟太阳活动高年和低年的质子辐射全向通量（指模型仅提供所有方向的平均统计质子通量谱）。此外，需要注意的是，虽然 AP8 模型能模拟任意高度和倾角的质子能谱，但由于模型所采用的质子测量数据有限，该模型可能会低估低高度的质子通量。

NOAAPRO 模型：考虑太阳活动影响导致低轨范·艾伦辐射带质子通量变化的第一个质子模型，输出平均的全向质子积分通量。

IGE2006 模型：LANL（Los Alamos National Laboratory，洛斯·阿拉莫斯国家实验室）与 JAXA（Japan Aerospace Exploration Agency，日本宇宙航空研究开发机构）联合研制的地球同步轨道专用电子模型。考虑太阳活动影响导致地球同步轨道范·艾伦辐射带电子通量变化的第一个电子模型，输出平均的全向电子积分通量。

CRRESPRO 和 CRRESELE 模型：CRRESPRO 给出 $1.15<L<5.5$（L 为磁壳参数）、能量处于 $1～100MeV$ 区间的质子通量信息；CRRESELE 给出 $2.5<L<6.5$、能量处于 $700keV～5MeV$ 区间的电子通量信息。两模型的主要输入参数为 15 天平均的 A_p 值。

SEE1 模型：给出能量高于 $100keV$ 的电子通量信息；主要输入参数为 15 天平均的 K_p 值。

Salammbo 模型：给出 $1<L<7$、能量处于 $10keV～300MeV$ 区间、时间分辨率为 1 分钟或数小时的电子/质子信息，主要输入参数为 15 天平均的 K_p 值。

3）基于 STK-SEET 的太空辐射环境效应分析

利用 STK 软件的 SEET 模块可进行航天器在轨任务辐射通量与剂量仿真分析，基本步骤如图 7.23 所示，基此进行 3 个算例仿真分析：利用 SEET 的简化空间辐射模型，计算一天时间内，航天器接收太空辐射总剂量，得出辐射总剂量与屏蔽材料厚度变化关系(图 7.24)；利用 SEET 的"NASA"空间辐射模型，详细分析航天器接收空间辐射剂量情况(图 7.25)；利用 SEET 的"NASA"和"CRRES"两种空间辐射模型，对比分析一定时间内电子辐射通量的异同(图 7.26)。

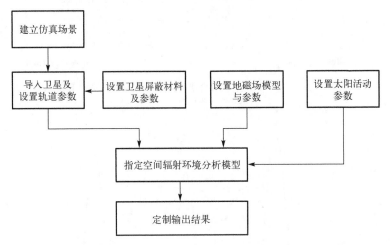

图 7.23　太空辐射环境效应分析步骤

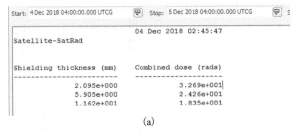

(a)

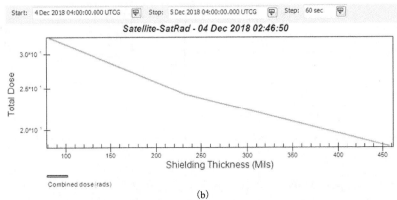

(b)

图 7.24　航天器接收辐射总剂量与屏蔽材料厚度变化关系

20 Dec 2017 03:48:00.000	7.283e-001
20 Dec 2017 03:49:00.000	7.283e-001
20 Dec 2017 03:50:00.000	7.283e-001
20 Dec 2017 03:51:00.000	7.283e-001
20 Dec 2017 03:52:00.000	7.283e-001
20 Dec 2017 03:53:00.000	7.283e-001
20 Dec 2017 03:54:00.000	7.283e-001
20 Dec 2017 03:55:00.000	7.283e-001
20 Dec 2017 03:56:00.000	7.283e-001
20 Dec 2017 03:57:00.000	7.284e-001
20 Dec 2017 03:58:00.000	7.286e-001
20 Dec 2017 03:59:00.000	7.292e-001
20 Dec 2017 04:00:00.000	7.297e-001

20 Dec 2017 03:50:00.000	9.181e-002
20 Dec 2017 03:51:00.000	9.181e-002
20 Dec 2017 03:52:00.000	9.181e-002
20 Dec 2017 03:53:00.000	9.181e-002
20 Dec 2017 03:54:00.000	9.181e-002
20 Dec 2017 03:55:00.000	9.181e-002
20 Dec 2017 03:56:00.000	9.181e-002
20 Dec 2017 03:57:00.000	9.181e-002
20 Dec 2017 03:58:00.000	9.181e-002
20 Dec 2017 03:59:00.000	9.181e-002
20 Dec 2017 04:00:00.000	9.181e-002

(a)屏蔽厚度 2mm　　　(b)屏蔽厚度 10mm

图 7.25　2/10mm 壁厚铝材屏蔽的航天器接收辐射剂量

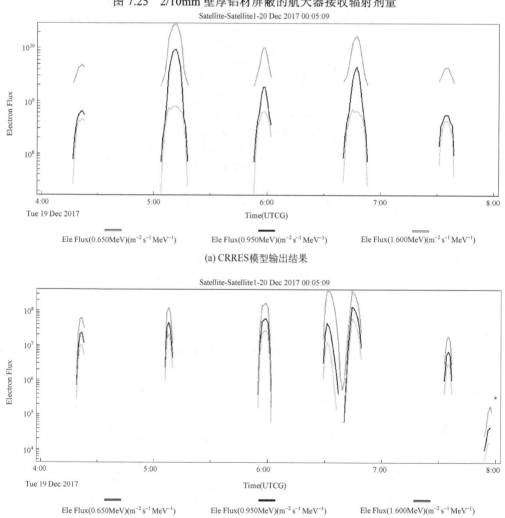

(a) CRRES模型输出结果

(b) NASA模型输出结果

图 7.26　不同模型输出的太空辐射通量对比(见彩图)

4) 抗辐射加固方法

大规模集成元器件的广泛使用提高了在轨航天器发生单粒子翻转的概率，2004～2011 年发生 7 起空间辐射环境造成的在轨航天器故障案例 (表 7.7)；灵敏部件的能量沉积是引起单粒子翻转的最本质原因，翻转截面 σ 随沉积能量 LET 的变化曲线反映单粒子翻转的物理本质；单粒子翻转率随灵敏部件饱和翻转截面增大而线性增大、随芯片翻转阈值增大而呈指数减小 (图 7.27)[4-7]。降低单粒子效应的抗辐射加固设计方法包括：元器件尽量选用饱和截面较小和翻转阈值较高的芯片；EDAC(错误检测与修正)电路设置、冗余(单机冗余和三模冗余)设计、硬件计数器设置等 (表 7.8)；软件的抗单粒子效应容错设计对提高星载计算机可靠性也很关键，见表 7.9[4-7]。

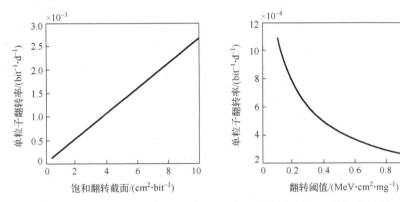

图 7.27　某型 FPGA 的单粒子翻转率与饱和翻转截面、翻转阈值的关系

表 7.7　空间辐射环境造成的在轨航天器故障案例

序号	单机名称	在轨问题描述	故障定位	改进措施
1	GPS 接收机	遥测 GPS 定位数据全 0；单机重启后，恢复正常工作	在轨单粒子翻转造成软件通信异常	①关键数据进行三备份处理及三取二判读；②改 GPS 软件，在接收机出现 0.5h 以上非定位现象时，自主复位
2	消旋组件	多次消旋短暂失锁导致不能对地定向，与地面通信中断	高能电子造成卫星表面或内部高负电位充电，且产生静电放电，造成地球敏感器脉冲信号异常，导致天线消旋短暂失锁	对后续星的电缆、工艺和接地状态进行充放电防护设计，电缆插头尾罩根部采取密封屏蔽处理
3	遥测机 A	遥测采集速度加快，导致一级分频失效	可能为 FPGA 单粒子翻转	切换至 B 机
4	数传综合处理器	地面遥测系统收到数传综合处理器若干次异常数据，影响图像数据的正常获取	FPGA 单粒子翻转	①图像数据下传前即时开机；②后续星对存储介质、FPGA 等芯片进行防护设计

续表

序号	单机名称	在轨问题描述	故障定位	改进措施
5	数传下位机	数传下位机在轨指令无应答	SRAM 受单粒子效应影响	数传下位机关机重启
6	太阳辐射监测仪	热点遥测出现超差	单粒子翻转	太阳辐射监测仪关机重启
7	姿轨控计算机	姿轨控计算机与太阳电池阵驱动器通信出现异常，驱动机构自主归至零位	姿轨控计算机通信板的 FPGA 受单粒子效应影响	姿轨控计算机 A、B 之间切换工作，后续星增加程序重载功能

表 7.8　硬件抗辐射加固设计方法

典型方法	具体措施
元器件选用	限制使用对总剂量效应和单粒子效应敏感的元器件，尽量选用反熔丝的 FPGA
EDAC 电路设置	通过硬件电路检测并纠正信息在运算或传输过程中的错误，如采用奇偶校验、EDAC 电路等
冗余设计	额外增加并联或备份单元数目，用额外的硬件和时间两种冗余方式消除故障造成的影响，增加系统安全性
硬件计数器设置	硬件计数器产生复位信号，重新启动仪器，从软件死循环中跳出
实时监控	采用单粒子不敏感元器件(如反熔丝 FPGA)对单粒子敏感元器件进行主要性能监控，发现问题及时进行处理

表 7.9　软件抗辐射加固设计方法

典型方法	具体措施
指令重启	单机中设计数据处理软件的复位指令，能够在轨定时或根据工作需要通过外部指令完成软件重载，具备在开机状态下从单粒子翻转故障恢复正常工作的能力
三取二表决法	在每个采样周期，把对程序运行有重大影响的标志及对运算结构起关键作用的数据进行三取二比对表决
段存储器置初值	由中断服务程序执行对段存储器置初值：若段存储器出现单粒子效应使程序出错，则可恢复段存储器的初值
反弹墙设计	对 CPU、PROM(programmable read only memory，可编程只读存储器)、RAM (random access memory，随机存取存储器)空闲区全部填充空白指令或其他指定内容，一旦程序跳入空闲区则进行跑飞程序处理，将程序拉回
软件看门狗(WDT)设置	当程序按正常路径执行时，不断清除 WDT；当程序进入死循环时(如 WDT 在规定的时间内不能被清除)，则发出计算机复位信号以进行初始化处理，使计算机重新开始运行

参 考 文 献

[1]　Pisacane V L. The Space Environment and Its Effects on Space Systems[M]. Reston: AIAA Education Press, 2008.

[2]　文森特·L·皮塞卡. 空间环境及其对航天器的影响[M]. 张育林，陈小前，闫野，译. 北京：

中国宇航出版社, 2011.

[3]　艾伦·C·特里布尔. 空间环境[M]. 唐贤明, 译. 北京: 中国宇航出版社, 2009.

[4]　周飞, 李强, 信太林, 等. 空间辐射环境引起在轨卫星故障分析与加固对策[J]. 航天器环境
　　工程, 2012, 29(4): 392-396.

[5]　薛玉雄, 杨生胜, 把得东, 等. 空间辐射环境诱发航天器故障或异常分析[J]. 真空与低温,
　　2012, 18(2): 63-70.

[6]　李璟璟, 邵思霈, 刘泳, 等. 空间辐射效应监视分析与应用系统研究[J]. 空间电子技术, 2015,
　　4: 92-96.

[7]　高欣, 杨生胜, 牛小乐, 等. 空间辐射环境与测量[J]. 真空与低温, 2007, 13(1): 41-47.

第8章 轨道碎片环境及其影响

"地球周围太空的物体(卫星和各种太空垃圾)密集度已到令人担忧的程度。由于轨道中的物体飞行速度极快，如果一颗卫星偏离轨道或者遭到一颗流星的撞击，这种事故将产生连锁反应，进而有大量卫星被毁，变成太空垃圾。"NASA科学家唐纳德·凯斯勒提出且已得到公认及大量事例验证的凯斯勒症候(Kessler syndrome)！

轨道碎片主要通过高速撞击威胁在轨运行航天器及执行任务宇航员的安全，本章主要介绍轨道碎片环境、碎片云演化(debris cloud evolution)规律、高速撞击物理原理、轨道碎片环境影响、设计分析策略(包括仿真分析、加固、变轨等)。

8.1 轨道碎片环境

轨道碎片一般指废弃的在轨人造物体，由于厘米量级的轨道碎片数目庞大且分布较广、碎片碰撞存在凯斯勒症候、目前尚无有效的轨道碎片清除措施等，轨道碎片环境日益恶化。2018年8月，NASA给出的俄罗斯、美国、中国在轨正常工作卫星及轨道碎片数量概况如图8.1所示，分析可知：在轨目标中，轨道碎片数量远大

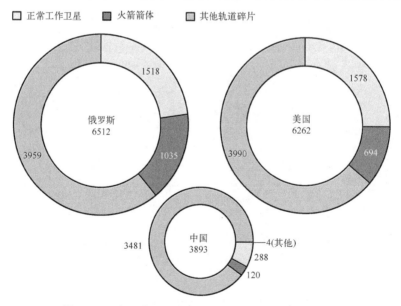

图 8.1　正常工作卫星与轨道碎片(截至 2018 年 8 月)

于正常工作卫星数量；此外，随着近年来低成本星链卫星的低轨部署及常规损坏，低轨碎片数量急剧增加。

轨道碎片来源一般包括：失效卫星、在轨操控任务产生的碎片、火箭箭体（rocket bodies）、卫星爆炸或降级解体产生的碎片、卫星与碎片间或卫星间相撞产生的碎片、反卫星试验产生的碎片等。鉴于轨道碎片的人造属性，航天器分布密集区域对应的轨道碎片数量众多，主要包括 LEO 区域（距地表近，侦察卫星、气象卫星、科学试验卫星等密布，碎片数量每年增长速率高于 10%）、GEO 区域（太空唯一地球静止轨道，导航卫星、预警卫星、中继卫星等密布，绕地球呈环状分布），如图 8.2 所示。

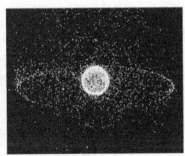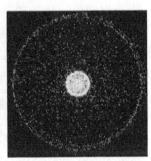

(a) LEO 碎片　　　　　　(b) GEO 碎片　　　　　　(c) GEO 碎片（极地观察）

图 8.2　轨道碎片分布（见彩图）

根据美国空间监视网 2021 年数据，太空中的碎片质量已经超过 8000t。绝大部分碎片处于低轨道，而低轨碎片主要集中分布于 800～1000km 及 1400～1500km 两个区域，见图 8.3[1-3]。

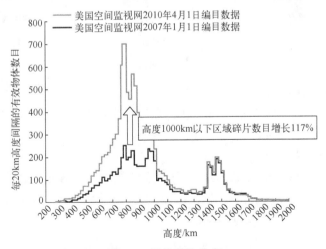

图 8.3　低轨碎片分布

需要注意的是,美国空间监视网公布的数据基本只覆盖了 LEO 尺寸大于 10cm,GEO 尺寸大于 30cm 的空间目标;除了已被编目的空间目标外,还存在大量尚未被探测、定轨的空间碎片(space debris);此外,空间目标碰撞解体逐渐成为轨道碎片的主要来源。

8.2　碎片云演化规律及高速撞击物理原理

碎片云(debris cloud)由空间物体解体产生的大量碎片组成,相对集中地分布在有限的空间内;轨道碎片与卫星间、卫星之间、轨道碎片间相撞会产生碎片云,在一定时期内将覆盖解体点附近整个轨道面。现有碎片云演化分析策略主要包括确定性及概率性两类,前者的典型代表工具为 NASA 的 LEGEND 及 ESA 的 DELTA,后者正处于蓬勃发展中[4-7]。

8.2.1　碎片云演化规律

概括来说,碎片云的扩散状态可清晰地分为三个阶段(图 8.4)[8-10]:集中分布、带状分布及环状分布,具有沿轨道及经线方向展开的趋势。

(a)阶段1　　　　　　　(b)阶段2　　　　　　　(c)阶段3

图 8.4　碎片云演化的三阶段

(1)阶段 1:集中分布。

分布较为集中,聚集在解体目标轨道高度附近;集中分布阶段持续时间较短,通常仅维持几个轨道周期,约几小时。

(2)阶段 2:带状分布。

解体碎片(fragmentation debris)获取速度增量不同,导致其轨道半长轴/周期差异;带状阶段的解体碎片不仅相位上呈现差异,也逐渐向不同高度扩散。碎片云半长轴及周期分布范围由式(8.1)体现:

$$
\begin{cases}
a_b - 2\mu_{\mathrm{gE}}^{-0.5} a_b^{1.5} \Delta v \le a_d \le a_b + 2\mu_{\mathrm{gE}}^{-0.5} a_b^{1.5} \Delta v \\
T_b(1 - 3\mu_{\mathrm{gE}}^{-0.5} a_b^{0.5} \Delta v) \le T_d \le T_b(1 + 3\mu_{\mathrm{gE}}^{-0.5} a_b^{0.5} \Delta v)
\end{cases}
\tag{8.1}
$$

式中，下标 b 表示碰撞时刻状态、d 表示带状阶段状态，a 和 T 分别表示半长轴及周期，μ_{gE} 为地球引力常数，Δv 为碰撞获得的速度增量。

由式 (8.1) 分析可知：解体碎片获得的轨道切向速度增量对碎片在轨道面内的分布影响最大；解体目标轨道半长轴越长，碎片云的半长轴及周期分布范围越广；初始获取的速度增量越大，碎片云的半长轴及周期分布范围越广。

(3) 阶段 3：环状分布。

在地球非球形、大气阻力等摄动力作用下，碎片云逐渐以球面形式扩散，形成环状分布类型，环形高度幅值 h 由碎片云初始轨道倾角 i 所约束。其中，地球非球形 J2 项引力摄动是碎片云形成环状分布的主要驱动力；J2 项引力摄动作用下，轨道碎片的升交点赤经和近地点幅角变化率呈现显著差异，表征为：

$$\begin{cases} \Delta\dot{\Omega} = -3.5\dot{\Omega}\,\Delta a_d / a_d \\ \Delta\dot{\omega} = -3.5\dot{\omega}\,\Delta a_d / a_d \end{cases} \tag{8.2}$$

式中，Δ 表征参数差异，Ω 和 ω 分别为轨道碎片的升交点赤经和近地点幅角。

举个例子：美国东部时间 2009 年 2 月 10 日上午 11 时 55 分，美国"铱星 (Iridium) 33"与俄罗斯已报废的"宇宙 (Cosmos) 2251"卫星在西伯利亚上空发生相撞，产生了 1500 多块可跟踪的碎片，形成了碎片云；经过系统观测及数据整理，该碎片云演化规律如图 8.5 所示，较好体现了碎片云演化的三阶段特点。

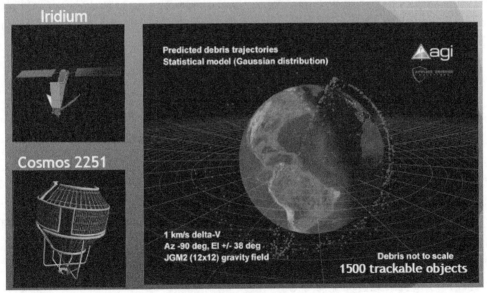

(a) 相撞及演化状态

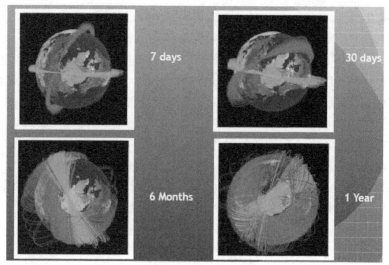

(b)碎片云分布随时间变化

图 8.5　美俄卫星相撞碎片云演化规律(见彩图)

8.2.2　高速撞击物理原理

　　轨道碎片对在轨运行航天器影响主要体现为高速撞击，毁伤效果取决于轨道碎片的质量 m 及相对速度 v 。根据撞击时相对速度的不同，碎片将会呈现不同的状态[8-10]：当撞击相对速度小于 2km/s 时，碎片可能保持完好无损；当撞击相对速度处于 2～7km/s 时，碎片会破裂成更加细小的颗粒；当撞击相对速度处于 7～11km/s 时，碎片会呈现融化状态；当撞击相对速度大于 11km/s 时，碎片会发生气化。

　　轨道碎片对航天器的影响主要是撞击，那多大尺寸或质量的碎片会对航天器产生显著影响呢？主要取决于轨道碎片的动能 E ，即：

$$E = \frac{1}{2}mv^2 \tag{8.3}$$

　　当轨道碎片撞击相对速度大于 7km/s 时，碎片将融化或气化。基于此，基于水密度表征轨道碎片密度，分析球体轨道碎片动能与其直径的对应关系如图 8.6 所示（图中撞击速度为相对速度，取最大概率速度为 10km/s；抛射体密度表征轨道碎片密度）。基于 10km/s 相对速度分析，结合卫星表面材料大致抗撞性能，可得出：直径为 0.1mm 的碎片可使被撞物体表面腐蚀，而直径为 1mm 的微粒可造成明显损坏。因此，在进行卫星在轨运行所受轨道碎片影响分析及设计时，毫米量级以上直径的轨道碎片分布及演变情况都需考虑。

　　轨道碎片通过高速撞击会对航天器造成物理损伤：撞击使物体表面形成凹坑，

表面性质发生变化；如果凹坑足够大，表面会被穿透，进而降低结构强度。撞击穿透厚度估算的经验公式为[8-10]：

$$\xi \approx k_1 m_p^{\alpha/3} \rho_t^{\beta/3} v_\perp^{\gamma/3} \qquad (8.4)$$

式中，ξ 为穿透厚度，单位 cm；k_1 为航天器表面材料常数（航天器表面常用材料铝合金、铌合金等的 k_1 值如表 8.1 所示），m_p 为轨道碎片质量，ρ_t 为航天器表面材料密度，$v_\perp$ 为轨道碎片与航天器表面法向相对速度，都取国际标准单位；$\alpha \approx 1$，$\beta \approx -0.5$，$\gamma \approx 2$。

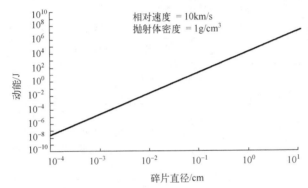

图 8.6 轨道碎片动能与直径的对应关系

表 8.1 航天器表面常用材料及其 k_1 值

材料及其型号		k_1
铝合金	2024-T3	0.54～0.57
	7075-T6	0.54～0.57
	6061-T6	0.54～0.57
不锈钢	AISI 304	0.32
	AISI 316	0.32
	经过退火处理的 17-4PH	0.38
镁锂合金	LA 141-A	0.80
铌合金	Cb-1Zr	0.34

除物理损伤外，轨道碎片撞击还可能产生一些次级影响：材料腐蚀、热控性质（吸收、反射系数）改变、粒子逃逸并污染敏感表面、粒子气化形成电磁干扰等。

8.3 轨道碎片环境影响

1978 年，NASA 科学家唐纳德・凯斯勒发表了一篇名为 *Collision frequency of*

artificial satellite: The creation of a debris belt（《人造卫星的碰撞频率：碎片带的产生》）的文章，提出了凯斯勒症候并预测：当 LEO 物体的密度达到一定程度时，这些物体碰撞后产生的碎片能够形成更多的新撞击，从而形成链式效应，意味着 LEO 将被碎片所覆盖。布满轨道碎片的太空已严重影响在轨航天器的安全，截至 2013 年，典型航天器遭受轨道碎片/失效卫星撞击故障案例整理如表 8.2 所示[11-16]。

表 8.2　典型航天器遭受轨道碎片/失效卫星撞击故障案例

序号	时间	案例	影响
1	1978	苏联"宇宙 945"卫星疑似遭碎片撞击	坠落
2	1981	苏联"宇宙 1275"卫星疑似遭碎片撞击	分解产生 200 多块碎片
3	1996	法国 Cerise 卫星的重力梯度稳定杆被阿丽亚娜（Ariane）火箭第三级爆炸碎片击中	稳定杆在撞击产生的高温中化为气体，卫星寿命大大降低
4	2005	中国"长征 4 号"火箭碎片与美国"雷神"火箭末级残骸发生碰撞	产生碎片
5	2009	美国"铱星 33"与俄罗斯"宇宙 2251"发生碰撞	撞击速度约 11.6km/s，产生直径大于 10cm 的碎片超 2000 颗，极大威胁轨道高度 800km 附近太阳同步轨道卫星的安全

不同尺寸的轨道碎片对航天器带来不同程度的危害：如前述，毫米级碎片超高速撞击可造成卫星局部损坏或子系统瘫痪；大于 1cm 的碎片撞击可使正在运行的卫星解体；大于 10cm 的碎片撞击可导致航天器产生碎片云。如图 8.7 和图 8.8 所示，已退役的航天飞机提供了较丰富的轨道碎片撞击数据[1-3]：图 8.7 中，横轴表示任务序列、纵轴表示表面损伤数量；图 8.8 中，tile 为防热瓦、Bfm 为平衡流量计；执行任务过程遭受不少于几十次的轨道碎片撞击，不乏尺寸大于 2.5cm（约 1 英寸）的撞击坑；执行 1 次任务平均需更换舷窗 3.82 块。

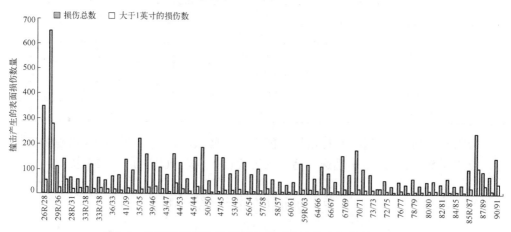

图 8.7　航天飞机历次飞行任务所受碎片撞击损伤数目统计

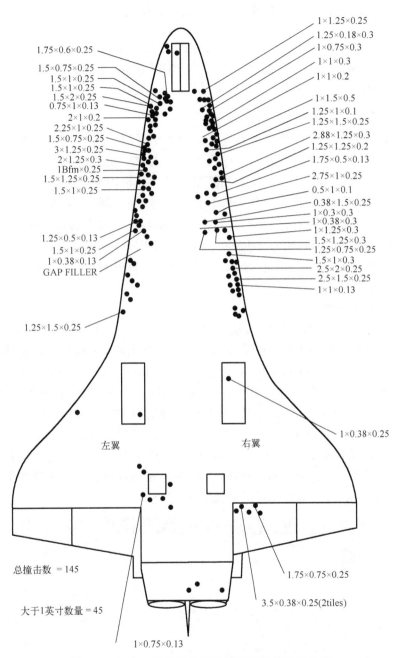

图 8.8　STS-91 任务后航天飞机表面的撞击坑分布

图中 GAP FILLER 为裂缝填充物；尺寸单位为英寸

8.4　设计分析策略

轨道碎片影响应对措施主要包括基于轨道碎片分布模型的仿真分析、基于STK-SEET的太空微粒撞击仿真、超高速撞击损伤物理分析、轨道碎片减缓及消除策略、航天器表面加固设计及轨道机动规避等[11-18]。

1)基于轨道碎片分布模型的仿真分析

轨道碎片的时空分布模型与碎片演化的力学环境、人类的航天活动、空间目标之间的相互碰撞、空间目标的爆炸解体以及太空环境密切相关。基于轨道碎片分布模型分析结果，可对应开展航天器加固设计、机动变轨规划、抗撞分析等。轨道碎片分布模型的功能概括为：基于航天器运行时间范围及轨道参数，给出碎片质量/通量/尺寸/速度的时空分布。目前，应用较广的模型包括NASA的轨道碎片工程模型(orbit debris engineering model，ORDEM)、ESA的流星体与太空碎片环境参考模型(meteoroid and space debris terrestrial environmental reference model，MASTER)等。

(1)ORDEM模型。

ORDEM模型建模数据主要来源于SSN编目、雷达(如Haystack雷达)探测、望远镜观测以及航天器回收表面分析(如LDEF)等10类数据；ORDEM模型采用有限元方法建模，将高度200~2000km的低轨道区域按经度(λ)、纬度($90°-\varphi$，φ为余纬)及高度(h)划分为5°×5°×50km网格。ORDEM使用界面如图8.9所示，由NASA约翰逊空间中心空间碎片小组研制，可提供设定轨道(200~2000km范围)的碎片(尺寸10μm~10m范围)通量信息：平均速度、积分的平均质量/数量通量等。图8.10给出了基于ORDEM计算的国际空间站单位面积年平均遭遇轨道碎片数量通量，图8.11给出了ORDEM96/2000模型计算结果与不同地理经度部署仪器HAX雷达(即Haystack辅助雷达)观测结果的对比验证[4,8-10]。

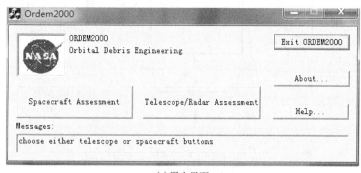

(a)用户界面

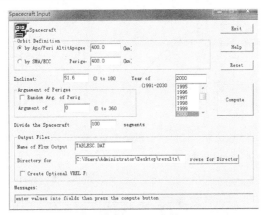

(b) 参数输入及计算界面

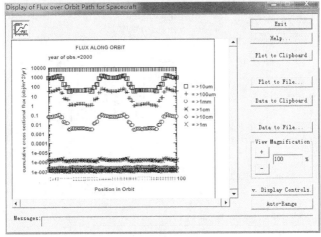

(c) 结果输出界面

图 8.9　ORDEM 界面

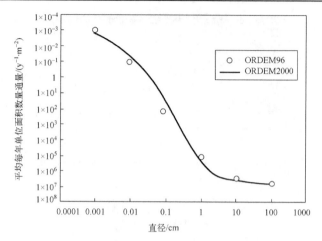

图 8.10　国际空间站的 ORDEM 轨道碎片分布通量
（圆轨道，轨道倾角为 51.6°，轨道高度为 400km）

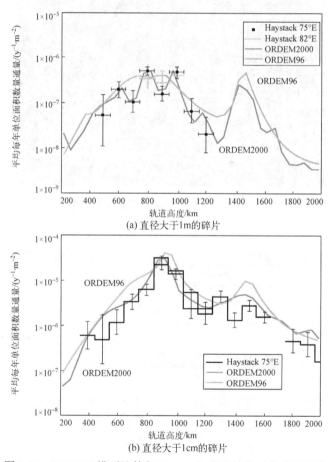

图 8.11　ORDEM 模型计算与 Haystack 观测结果对比（见彩图）

(2) MASTER 模型。

提供 1μm 以上尺寸、超过地球同步轨道高度的轨道碎片分布；输出结果可根据设定航天器或感兴趣空间区域进行定制。基于 MASTER 模型(建模思路见图 8.12)仿真的 2001 年轨道碎片密度与轨道高度的关系如图 8.13 所示，分析可知：LEO 轨道碎片密度较大；随着轨道高度增加，碎片密度整体呈下降趋势，但存在 2 个特殊区域，即 20000km 左右的中轨道区域及 36000km 左右的 GEO 轨道区域[4,8-10]。

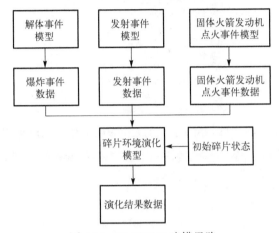

图 8.12　MASTER 建模思路

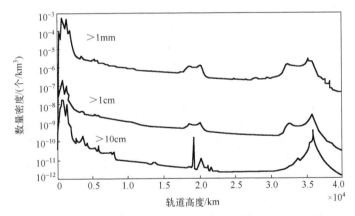

图 8.13　基于 MASTER 模型的 2001 年轨道碎片数量密度与轨道高度关系

2) 基于 STK-SEET 的太空微粒撞击仿真

STK-SEET 仿真涵盖的太空微粒包括轨道碎片及微流星体，采用 AF-GEOSpace 流星体及轨道碎片模型进行计算分析，提供如图 8.14 所示 5 种太空微粒撞击影响分析功能模块：SEET 轨道碎片通量(报表格式，SEET Debris Flux)、STK 流星体通量(报表及图表格式，STK Meteor Flux)、SEET 粒子撞击损伤剂量(报表格式，SEET

Particle Damaging Fluence)、SEET 粒子分布撞击损伤剂量（报表格式，SEET Particle Distribution Damaging Fluence)、SEET 粒子通量模型（报表格式，SEET Particle Flux Model)。以 GRACE-1 卫星为例，其在轨运行 3 天内所面临的轨道碎片通量及撞击率仿真结果如图 8.15 所示。

图 8.14　STK-SEET 提供的太空微粒撞击影响分析模块

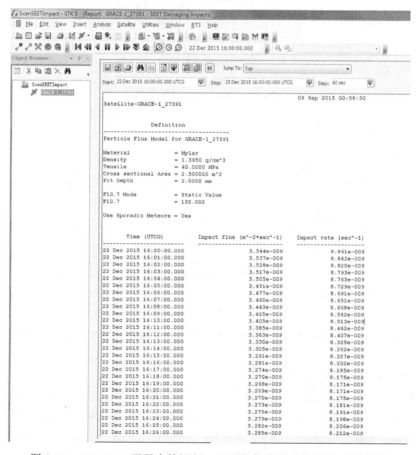

图 8.15　GRACE-1 卫星在轨运行 3 天面临的轨道碎片通量及撞击率

3）超高速撞击损伤物理分析

采用超高速撞击试验可获得航天器材料、部件、分系统的撞击特性和损伤模式，可研究空间目标在超高速撞击下破碎及解体模型（breakup model），可对空间碎片防护设计的有效性进行检验。一般采用三类方法分析超高速微粒对航天器产生的潜在损伤：理论分析与数值仿真、地面超高速冲击试验、对返回航天器进行物理分析。其中，理论分析与数值仿真为常用手段，而有限的返回航天器损伤数据用于分析校对与验证；地面超高速冲击试验为对理论分析与数值仿真的有效补充，其难点在于如何将一定质量的微粒加速至几十 km/s，目前已研发出相应设备：van de Graff（范德格拉芙）加速器，可让质量为 $10^{-15} \sim 10^{-10}$g 的带电物体速度加速超过 40km/s；轻气炮，通过高压气流对 g 量级的微粒加速，Sandia 实验室曾使 1g 微粒加速到 16km/s。

4）轨道碎片减缓及清除策略

轨道碎片初始近地点/远地点高度与轨道寿命的关系如图 8.16 所示[8-10]，分析可知：近地点轨道高度低，对应的大气密度高，使得初始近地点高度相较远地点高度对轨道寿命影响大得多；大多数碎片的轨道衰减需要上百年时间，如我国发射的第一颗人造地球卫星东方红一号，其初始轨道参数为近地点高度 439km、远地点高度 2384km、轨道倾角 68.44°，目前已不能正常工作，但预计仍会长期在轨。

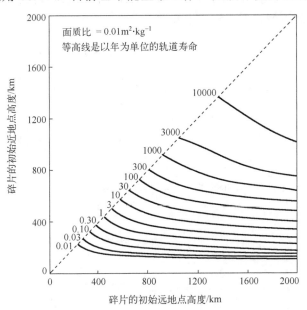

图 8.16　碎片初始近地点/远地点高度与轨道寿命关系

轨道碎片高速运行对正常在轨工作卫星产生潜在威胁，目前已研究提出相关减缓及清除措施：轨道碎片减缓、编目与预报、主动清除。

(1)轨道碎片减缓。

人类航天发展以来，成立了多个国际组织，如机构间空间碎片协调委员会、和平利用外层空间委员会等，后者于1999年发表了《关于空间碎片的技术报告》，提出了相关的轨道碎片减缓指导原则：限制正常运作期间分离碎片、最大限度地减少操作阶段可能发生的分裂解体、限制轨道中意外碰撞的可能性、避免故意自毁和其他有害活动、最大限度地降低剩存能源导致任务后分裂解体的可能性、限制航天器和运载火箭上面级任务结束后长期存在于低地轨道区域、限制航天器和运载火箭上面级任务结束后长期存在于地球同步轨道区域等。

《关于空间碎片的技术报告》要求各国在研制及发射航天器时需遵守相关指导原则，减缓轨道碎片的形成。其中，最重要的一条要求为航天器在寿命末期具备自离轨能力(具备推进系统及剩余推进剂等)，可自行进入废弃区域(或称之为坟墓轨道)，对应的指导原则如图8.17所示[8-10]。其中，Δh_p设计考虑了地球同步轨道的漂移(8字形漂移，对应200km冗余高度)、日月摄动(对应35km冗余高度)、太阳光压等影响，计算公式为：

$$\Delta h_p = 235 + 1000 C_r (A/m) \tag{8.5}$$

式中，$1 \leqslant C_r \leqslant 2$为太阳光压系数，235km是被保护区域的高度200km与由日月摄动引起的近地点高度降低量35km之和。

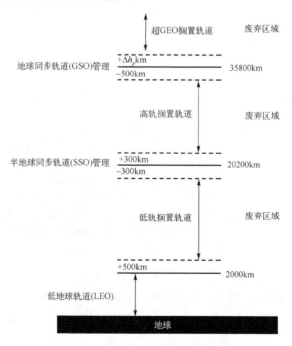

图8.17　航天器寿命末期离轨指导原则

（2）轨道碎片编目与预报。

通过光学和雷达等探测手段，确定大于设定尺寸空间目标（包括正常工作航天器、轨道碎片等）轨道，并对在轨运行航天器存在的撞击可能性进行预报。目前，常见的探测手段包括地基/天基的光学、雷达等，用于探测不同高度的空间目标（图 8.18）：雷达主要用于探测中/低轨目标，覆盖范围大、探测精度高；光学设备视场角有限，探测高度越高其覆盖范围越广，主要用于探测运行速度较慢的高轨目标；由于设备精度受限，直径为厘米及其以下量级的空间目标较难被探测。

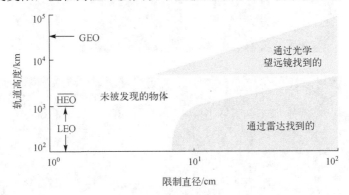

图 8.18　空间目标探测

基于空间目标数据（可从美国空间目标数据库相关网站下载大部分民用航天器两行轨道要素）以及 STK 的接近分析模块（conjunction analysis tool，CAT）或自行编写软件，可进行轨道碎片编目及针对特定航天器的碎片接近预警分析。

（3）轨道碎片主动清除。

目前，研究提出的轨道碎片主动清除措施包括：空间机械臂抓捕（图 8.19，德国宇航局的 TECSAS 项目）、空间飞爪抓捕及绳网捕获（图 8.20，欧洲空间局开展的相关技术及测试研究）、低轨增阻离轨（国内学者提出的方案见图 8.21）等措施。

图 8.19　德国宇航局的机械臂抓捕离轨措施

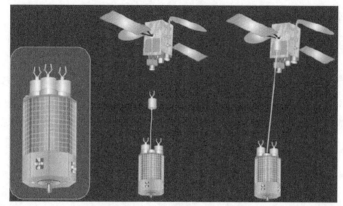

(a)飞爪抓捕

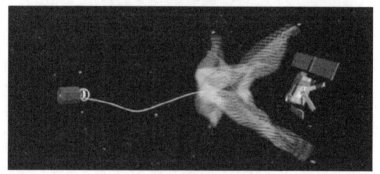

(b)绳网捕获

图 8.20　欧洲空间局的飞爪抓捕及绳网捕获离轨措施

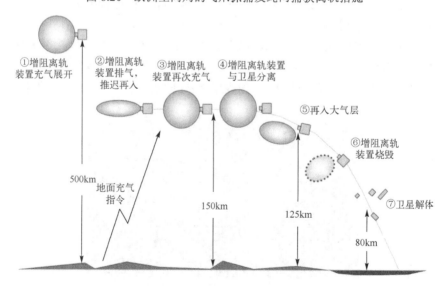

①增阻离轨装置充气展开　②增阻离轨装置排气，推迟再入　③增阻离轨装置再次充气　④增阻离轨装置与卫星分离　⑤再入大气层　⑥增阻离轨装置烧毁　⑦卫星解体

地面充气指令

500km　150km　125km　80km

图 8.21　低轨碎片增阻离轨策略

机械臂、飞爪、绳网等接触式捕获碎片时，要求碎片旋转速度不能过大（如设定阈值 10°/s），因此捕获前需对高速旋转轨道碎片进行消旋（图 8.22），使其旋转速度降低，小于可接触捕获阈值。目前，已开展研究及试验的消旋手段包括接触式的（如刷子减速）、非接触式的（如电磁消旋，见图 8.23）。

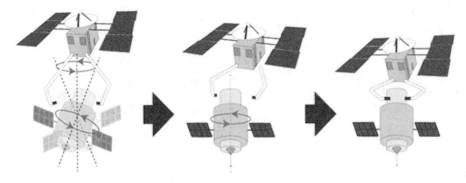

图 8.22　失效目标拖曳离轨前的各轴消旋

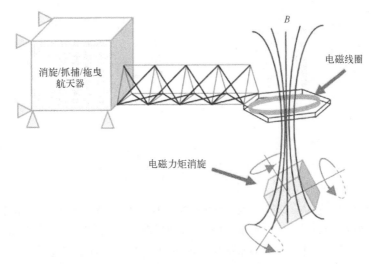

图 8.23　失效目标非接触电磁消旋

5) 航天器表面加固设计及轨道机动规避

目前，对于大碎片主要采用在轨机动进行规避，对于小碎片主要采用防护结构。对于 1cm 直径尺寸以下轨道碎片而言，其具有数量多、不易探测等特点，在轨运行航天器只能采取被动防护措施，通过航天器表面进行加固设计；对于 1cm 直径尺寸以上轨道碎片而言，其具有可探测、动能大等特点，在轨运行航天器一般采取主动轨道机动的规避措施。

(1)表面加固措施。

最经典的表面加固构型为 Whipple 防护结构(Whipple protective structure)(图 8.24(a))[19,20],其由 Whipple 于 1947 年提出,后经过各种改进变形(图 8.24(b)~(d))沿用至今。大型载人航天器的舱壁外通常安装有 Whipple 防护结构,采用 T 型支柱连接固定。

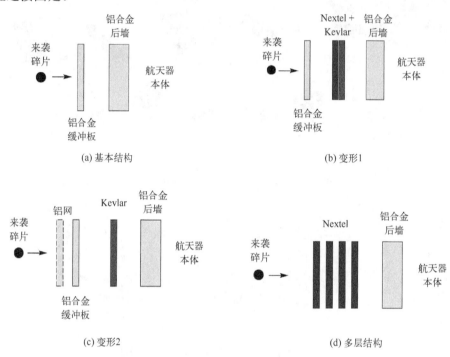

图 8.24　经典 Whipple 结构及其变形发展

图中 Nextel 为陶瓷纤维;Kevlar 为凯芙拉

Whipple 基本结构的加固原理为将来袭碎片的动能逐步减小,以保护航天器本体;Whipple 变形结构中加入 Nextel 陶瓷织物(被撞击时易粉碎,以此降低单个碎片动能,类似于钢化玻璃原理)与高强度 Kevlar 织物(强度比铝合金更高),可更高效地击碎空间碎片,从而提高结构防护性能,已在国际空间站大量使用;铝网的功能也主要是缓冲来袭碎片动能。

(2)轨道机动规避措施。

如果航天器运行轨道存在轨道碎片且其尺寸较大或通量较多,则航天器需采取轨道机动措施以避免致命性损伤(图 8.25 给出了国际空间站(ISS)为应对轨道碎片撞击开展的历年轨道机动次数)[8-10]。需要说明的是,规避机动需消耗推进剂,ISS 可以承受(具备经常性补给),但一般航天器所携带推进剂较难承受多次轨道机动。

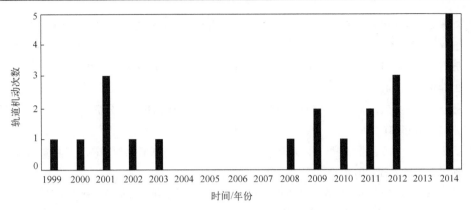

图 8.25　历年的国际空间站轨道碎片撞击避免轨道机动次数

参 考 文 献

[1] 李响, 杨栋, 侯天宝. 低地球轨道空间碎片及其对国际空间站的危害[C]. 大连: 第二届中国空天安全会议, 2017: 1-7.

[2] 刘朋, 薛野. 空间碎片及其对载人航天活动的影响与防护[J]. 空间碎片研究, 2018, 18(1): 26-35.

[3] 徐凯凯, 白军辉, 杨纪伟, 等. 轨道碎片现状及清除措施研究[J]. 国际太空, 2021, 9: 33-37.

[4] 王荣兰, 刘静. MASTER, ORDEM, SDPA 三种模式的比较研究[C]. 上海: 第二届全国空间碎片学术研讨会, 2003: 35-44.

[5] 舒鹏, 杨震, 罗亚中. 碎片云演化分析新进展: 完全基于概率表征方法[J]. 力学进展, 2021, 51(4): 910-914.

[6] 张育林, 张斌斌, 王兆魁. 空间碎片环境的长期演化建模方法[J]. 宇航学报, 2018, 39(12): 1408-1418.

[7] 张斌斌. 空间碎片环境的长期演化建模与安全研究[D]. 长沙: 国防科技大学, 2017.

[8] 艾伦·C·特里布尔. 空间环境[M]. 唐贤明, 译. 北京: 中国宇航出版社, 2009.

[9] Pisacane V L. The Space Environment and Its Effects on Space Systems[M]. Reston: AIAA Education Press, 2008.

[10] 文森特·L·皮塞卡. 空间环境及其对航天器的影响[M]. 张育林, 陈小前, 闫野, 译. 北京: 中国宇航出版社, 2011.

[11] 邸德宁, 陈小伟, 文肯, 等. 超高速碰撞产生的碎片云研究进展[J]. 兵工学报, 2018, 39(10): 2016-2047.

[12] 张斌斌, 王兆魁, 张育林. 空间物体解体碎片云的长期演化建模与分析[J]. 中国空间科学技术, 2016, 36(4): 1-8.

[13] 翟家跃. 基于碎片云特性的航天器空间碎片撞击易损性分析[D]. 哈尔滨: 哈尔滨工业大学, 2016.

[14] 张海涛, 张占月, 陈松. 地球静止轨道卫星碰撞碎片演化分析[J]. 计算机测量与控制, 2019, 27(4): 149-154.

[15] 张斌斌, 王兆魁, 张育林. 空间物体解体碎片云的长期演化建模与分析[J]. 中国空间科学技术, 2016, 36(4): 1-8.

[16] 庞宝君, 王东方, 肖伟科, 等. 美国 DMSP-F13 卫星解体事件对空间碎片环境影响分析[J]. 航天器环境工程, 2015, 32(4): 349-356.

[17] 黄烨飞. 空间碎片撞击源定位监测网络布局研究[D]. 哈尔滨: 哈尔滨工业大学, 2019.

[18] 刘武刚, 庞宝君, 王志成, 等. 天基在轨空间碎片撞击监测技术的进展[J]. 强度与环境, 2008, 35(1): 57-64.

[19] 王慧, 王昭, 张德志, 等. Whipple 防护屏超高速碰撞碎片云动量分布研究[J]. 兵工学报, 2014, A2: 164-168.

[20] 王紫潇. 空间碎片超高速撞击载人密封舱 Whipple 结构感知与定位研究[D]. 哈尔滨: 哈尔滨工业大学, 2018.

第9章 热环境及其影响

"天地一大窑，阳炭烹六月。"宋代著名诗人戴复古在其《大热五首》如是说!

作为航天器本体六大分系统之一，热控分系统贯穿于航天器整个寿命周期，包括研制、测试、发射、在轨运行及返回等阶段，研制过程需经历循环往复的热分析（thermal analysis）、热设计（thermal design）、热试验（thermal test）等过程，花费大且耗时长。航天器热控之所以如此必要且设计复杂，根本原因在于航天器所处的外部热环境（thermal environment）非常恶劣。人类日常生活也与各种类型的热控装置密不可分，如空调、加热器等，但地面热控装置与航天器热控装置存在本质区别：外部热环境、与环境的热交换方式（地面存在热传导、热对流、热辐射等方式，在轨航天器与太空环境仅通过热辐射进行热量传递），航天器工作温度（operating temperature）高要求，航天器热控装置体积、质量以及功耗约束等。

航天器无控温度变化剧烈，体现为不同运行轨道段、航天器不同表面等温差较大，且温度变化具有时变性。人类航天史上发生的热控故障导致卫星功能降低典型案例包括：日本的"大隅号"、加拿大的"通信技术卫星"、美国的"陆地卫星-4"及"天空实验室"等卫星都因热控故障或设计缺陷导致在轨工作寿命显著衰减。

航天器热控定义为通过主/被动措施控制航天器内外热交换过程，保证航天器总体及仪器设备在整个寿命期间处于运行温度（部件能够正常运行且满足其性能和稳定性要求的温度）范围。由航天器热控定义分析可知：航天器热控措施包括主动式和被动式；热控手段主要为调节航天器内部各部件之间、航天器与外部太空环境之间的热交换过程；热控目的为保证航天器总体及仪器设备在整个寿命期间处于运行温度范围；航天器热控关注的是运行温度，且涵盖整个寿命全流程，包括地面段、发射段、在轨运行段以及返回段等，各阶段特点及面临的外部热环境如表9.1所示[1-3]。

表 9.1 航天器各阶段特点及面临的外部环境

任务阶段		持续时间	环境特征
地面段	研制段	数月~数年	洁净室：温度变化<20%、相对湿度<40%
	运输段	数日	密封的氮气环境：冲击、振动、温度微变化
发射段		约0.5h	冲击、振动、温度变化，挡热板被气动力加热至几百摄氏度，太阳光照、地球反照、行星热辐射
在轨运行段		数月~数年	时变的太阳光照、地球反照、行星热辐射，真空，微重力，航天器内部热源
返回段		0.5~1h	冲击、振动、温度变化，挡热板被气动力加热超过几千摄氏度，太阳光照、地球反照、行星热辐射

9.1　热　环　境

航天器在轨运行面临的太空热环境主要包括真空、微重力、太空外热流、深黑低温。其中，真空与微重力影响航天器的内外热交换方式，太空外热流与深黑低温为航天器面临的外部热源。此外，航天器各部件工作时也会产生热量，形成内部热源。

9.1.1　真空与微重力

大气压随着距地表高度的增加而降低，逐渐达到真空状态(物理标准为大气压小于 10^{-10}Pa)；然而，当大气压低于 10^{-3}Pa 时，气体的热传导和热对流换热方式可忽略不计。航天器运行轨道的近地点高度一般高于 200km，而距地表 200km 高度的大气压低于 10^{-4}Pa。因此，对于热交换分析而言，航天器面临真空影响，导致航天器通过外表面与太空环境的热交换方式仅为热辐射一种。需要强调的是，航天器内部各部件之间热量传递仍然存在三种热交换方式。

地球引力随着距地表高度的增加而降低，使得航天器内部气流之间的自然对流换热较弱，导致航天器由内向外散热较差；对于那些在地面需依靠自然对流换热的仪器和元器件，在应用到在轨任务时，必须考虑引入其他的换热措施。微重力对航天器热控也存在有利的一面：由于微重力的影响，航天器部件运动、工质流动等所需控制功耗较小，有利于航天器主/被动热控实施，如热管放置方位调节、百叶窗开关控制等。

9.1.2　太空外热流

在轨运行航天器面临的外部太空热源分为两部分：一为将整个宇宙作为热背景所等效的热源，即深黑低温；二为在该背景上点缀的核心热源，包括太阳直接辐射、地球反照辐射(albedo radiation)、地球红外辐射等。

1)深黑低温

此处的"深黑"指等效黑体，低温指 3K 绝对温度，即将宇宙空间热背景等效为 3K 绝对温度的黑体辐射。等效原因有二：航天器几何尺寸相较其与行星或恒星间距可忽略不计，无须考虑行星或恒星对其热辐射的反射，即可认为航天器的热辐射全部被宇宙空间吸收，因此可将宇宙空间当作黑体看待。经过多年测量分析，得出宇宙空间热辐射能量极小，约为 10^{-5}W/m^2，根据斯特藩-玻尔兹曼黑体辐射定律计算可知，该辐射能量对应的等效黑体温度约 3K。

2) 核心热源

航天器在轨运行面临的外部核心热源如图 9.1 所示，其接收外部核心热源辐射能量的多少取决于两方面因素：一为核心热源的辐射能力，二为航天器与核心热源之间的角系数(angle coefficient)。

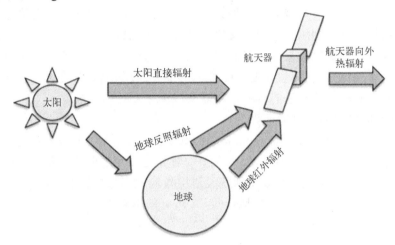

图 9.1　航天器在轨运行面临的外部核心热源

(1)核心热源的辐射能力。

太阳辐射常数 S_e：太阳在单位时间内投射到距其 1 个天文单位(ua，可看作日地平均距离)处，并垂直于射线方向单位面积的全部辐射能，一般取 $1353\pm21W/m^2$。

地球对太阳的反照率 a：地球反射的太阳辐射与入射辐射之比，取全球年平均值 0.3 ± 0.02。

地球红外辐射常数 S_E：等效为位于地心绝对温度为 290K 的黑体辐射，地球表面一般取 $237\pm7W/m^2$。

(2)角系数。

20 世纪 20 年代，角系数伴随物体表面辐射换热计算出现，后续在多个领域应用发展；经年发展，角系数存在不同的称呼，包括形状因子、交换系数、几何视角因子(见本书真空环境)等。在太空热环境计算分析领域，借用角系数概念，将航天器表面特性及其相对核心热源的空间几何对辐射换热的影响剥离出来。角系数以面元为对象进行定义[2,4]：辐射面 $\mathrm{d}A_i$ 向受射面 $\mathrm{d}A_j$ 向投射能量 Q_{ij} 与辐射面 $\mathrm{d}A_i$ 的有效投射能量 Q_i 之比(图 9.2)。分析可知，角系数仅与物体

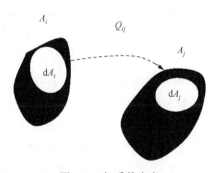

图 9.2　角系数定义

表面几何因素相关，包括面元几何形状、面元间相对方位等；航天器形状各异，在轨运行的轨道高度、姿态也各不相同，角系数计算必须基于面元进行。

太空辐射能计算中角系数的引入很重要，主要体现为两点：从设计角度来说，可通过设计影响角系数的因素（如航天器轨道、表面几何形状与姿态）达到接收期望辐射能的目的；从分析角度来说，如果太空外热流和航天器表面面元选定，则可计算对应角系数，进而利用角系数定义快速估算该面元接收的辐射能。此外，由于辐射能可从四面八方辐射过来，也可向四面八方反射出去，计算角系数需引入漫射体假设（图 9.3）：沿物体表面法向发射/入射被发射/吸收的辐射能最大，其余方向辐射能为最大辐射能与夹角余弦的乘积，即需乘以因子 $\cos\beta_1$ 或 $\cos\beta_2$。

（3）航天器接收的辐射能估算。

太阳直接辐射（direct solar radiation）估算如图 9.4 所示[1-3]：dA 为航天器表面设定面元，r_S 为太阳与面元间距，β_S 为太阳入射光与面元法向的夹角。已知条件为太阳直接辐射常数 S_e、天文单位 a_E。则航天器接收的太阳直接辐射能 dQ_1 估算为（P_S 为太阳直接辐射总能量，S 为太阳投射到距离 r_S 处的辐射能）：

$$\left.\begin{array}{l} S_e = \dfrac{P_S}{4\pi a_E^2} \\[2mm] S = \dfrac{P_S}{4\pi r_S^2} \end{array}\right\} \Rightarrow S = S_e\left(\dfrac{a_E}{r_S}\right)^2 \Rightarrow dQ_1 = S\cos\beta_S dA \tag{9.1}$$

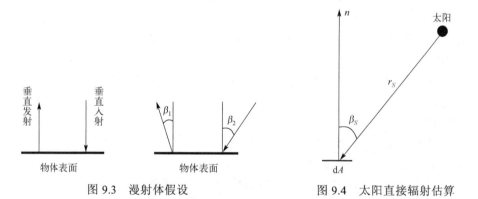

图 9.3　漫射体假设　　　　图 9.4　太阳直接辐射估算

根据角系数定义可基于式（9.1）推导得到太阳直接辐射角系数 ϕ_1：

$$\phi_1 = \frac{dQ_1}{SdA} = \cos\beta_S \tag{9.2}$$

地球反照辐射估算如图 9.5 所示[1-3]：A_E' 为太阳直接照射的半个地球面、o 为地心、dA_E' 为光照半球设定微元面、η 为太阳入射光线与 dA_E' 法线 n_E 夹角、dA 为航天器表面设定微元面、n 为 dA 的法线、l 为 dA_E' 与 dA 的连线、α_1 和 α_2 分别为 l 与 n_E 和

n 的夹角。已知条件为太阳直接辐射常数 S_e、地球对太阳的反照率 a。则航天器接收的地球反照辐射能 $\mathrm{d}Q_2$ 估算为：

$$\mathrm{d}Q_2 = aS_e\mathrm{d}A \iint_{A_E'} \frac{\cos\eta\cos\alpha_1\cos\alpha_2}{4\pi l^2}\mathrm{d}A_E \tag{9.3}$$

根据角系数定义可基于式(9.3)推导得到地球反照辐射角系数 ϕ_2：

$$\phi_2 = \frac{\mathrm{d}Q_2}{aS_e\mathrm{d}A} = \iint_{A_E'} \frac{\cos\eta\cos\alpha_1\cos\alpha_2}{4\pi l^2}\mathrm{d}A_E \tag{9.4}$$

地球红外辐射估算如图 9.6 所示[1-3]：A_E 为航天器外表面微元 $\mathrm{d}A$ 的可视半个地球面，$\mathrm{d}A_E$ 为 A_E 的设定微元面，n_E 为 $\mathrm{d}A_E$ 的法线，l 为 $\mathrm{d}A$ 与 $\mathrm{d}A_E$ 的连线，α_1 和 α_2 分别为 l 与 n_E 和 n 的夹角。已知条件为地球红外辐射常数 S_E。则航天器接收的地球反照辐射能 $\mathrm{d}Q_3$ 为：

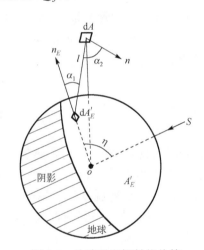

图 9.5　地球反照辐射能估算

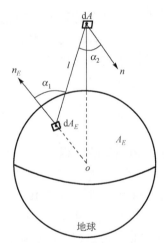

图 9.6　地球红外辐射能估算

$$\mathrm{d}Q_3 = S_E\mathrm{d}A \iint_{A_E} \frac{\cos\alpha_1\cos\alpha_2}{4\pi l^2}\mathrm{d}A_E \tag{9.5}$$

根据角系数定义可基于式(9.5)推导得到地球红外辐射角系数 ϕ_3：

$$\phi_3 = \frac{\mathrm{d}Q_3}{S_E\mathrm{d}A} = \iint_{A_E} \frac{\cos\alpha_1\cos\alpha_2}{4\pi l^2}\mathrm{d}A_E \tag{9.6}$$

9.2　热传递物理基础

热能传递有 3 种机理，包括接触式热传递(热传导与热对流)和非接触式热传递(热辐射)。对于在轨运行航天器而言，其内部各部件之间 3 种热传递方式都存在(自然热对流较弱)，而航天器通过外表面与太空环境热交换仅存在热辐射传递方式。

9.2.1　热传导

1)定义与约束方程

定义：温度不同的同一物体各部分间或两物体间直接接触时，依靠分子、原子及自由电子等微观粒子热运动而进行的热量传递现象。

由定义可知，热传导传热方式存在两个必要条件：温差和物体间直接接触。热传导传递热量的多少及对应的温度分布可基于傅里叶导热定律及热传导方程进行计算。

傅里叶导热定律对应公式为：

$$\dot{\boldsymbol{q}} = -k\nabla T(\boldsymbol{r},t) \tag{9.7}$$

式中，$\dot{\boldsymbol{q}}$ 为传递的热流密度，单位为 W/m^2；$\boldsymbol{r}$ 为三维空间位置矢量；t 为时间；T 为温度；k 为热导率(或导热系数)，单位为 $W/(m\cdot K)$，物理意义为单位时间、单位长度、单位温差传递的热量，表征物质传导热量的能力。

热传导方程为：

$$\frac{\partial T(\boldsymbol{r},t)}{\partial t} - \lambda\nabla^2 T(\boldsymbol{r},t) = \frac{q_v}{\rho C_p} \tag{9.8}$$

式中，q_v 为内热源的容积热，单位为 J/m^3，表征导热材料单位体积所含热量；ρ 为导热材料质量密度；C_p 为比热容；$\lambda = k/(\rho C_p)$ 为热扩散系数(或导温系数)，单位为 m^2/s，表征单位时间热量传导的面积(传导面积越大，说明温度传导越快)。

热导率和热扩散系数是材料的固有属性，典型材料的热导率和热扩散系数可在材料手册查询，表 9.2 给出了部分材料的数据[1-3]。

表 9.2　典型材料的热导率与热扩散系数

材料	热导率/(W/(m·K))	热扩散系数/(m²/s)
空气	0.024	0.19
铝	250	0.999
二氧化铝	30	0.088
铜	109	1.13
玻璃	0.15	0.0043
金	1.27	310
银	1.7004	429
不锈钢	0.0405	16
水	0.0014	0.58

2) 约束方程求解

热传导传递热量及温度分布通过联立式 (9.7) 和式 (9.8) 进行求解，求解方法包括两类：精确解析法，适用于一维稳态及瞬态的温度及热流求解，给出精确解析解，工程实际中应用较少；有限差分法，适用于任意情况的温度及热流求解，给出迭代的近似数值解，工程实际中应用广泛。

(1) 精确解析法。

仅能应用于较简单案例 (图 9.7) [1-3]：一无限大平板，厚度为 L，两壁面温度分别维持为 T_i 和 T_o，求无限大平板的温度稳态分布及热流密度。

考虑一维稳态 (时间变化率为 0，自变量仅为 s)，引入边界条件 ($s=0, T=T_i$；$s=L, T=T_o$)，联立式 (9.7) 和式 (9.8) 进行求解：

$$\begin{cases} \dfrac{\partial T(r,t)}{\partial t} - \lambda \nabla^2 T(r,t) = \dfrac{q_v}{\rho C_p} \\ \dot{q} = -k\nabla T(r,t) \end{cases} \tag{9.9}$$

$$\Rightarrow \frac{\mathrm{d}^2 T}{\mathrm{d}s^2} = 0 \Rightarrow T = c_1 s + c_2 \Rightarrow T = \frac{T_o - T_i}{L} s + T_i \Rightarrow \dot{q} = -k\frac{\mathrm{d}T}{\mathrm{d}s} = k\frac{T_i - T_o}{L}$$

(2) 有限差分法。

求解思想：利用空间或 (和) 时间区域内有限个离散点的温度近似值代替原来连续分布的温度场。

求解步骤：将导热问题的定义域进行网格划分；在网格点上，按适当的数值微分公式把定解问题的微分变差分；对差分格式的方程求数值解。

理论推导：见图 9.8 [1-3]，分析计算二维平板温度分布。将平板沿 x 和 y 向各三等分，共划分为 9 个单元格，每个单元格为离散时间步长 k_1 的函数，用该 9 个单元格的温度表征二维平板温度。按照前向差分法对式 (9.7) 和式 (9.8) 中的一阶、二阶微分进行差分变换 (包括二维位置、时间差分)，得到：

$$\begin{cases} \dfrac{\partial T_{i,j}(k_1)}{\partial t} \approx \dfrac{T_{i,j}(k_1+1) - T_{i,j}(k_1)}{\Delta t} \\[3mm] \dfrac{\partial^2 T_{i,j}(k_1)}{\partial x^2} \approx \dfrac{\dfrac{\partial T_{i,j+1}(k_1)}{\partial x} - \dfrac{\partial T_{i,j}(k_1)}{\partial x}}{\Delta x} \approx \dfrac{T_{i,j+1}(k_1) - 2T_{i,j}(k_1) + T_{i,j-1}(k_1)}{(\Delta x)^2} \\[3mm] \dfrac{\partial^2 T_{i,j}(k_1)}{\partial y^2} \approx \dfrac{\dfrac{\partial T_{i+1,j}(k_1)}{\partial y} - \dfrac{\partial T_{i,j}(k_1)}{\partial y}}{\Delta y} \approx \dfrac{T_{i+1,j}(k_1) - 2T_{i,j}(k_1) + T_{i-1,j}(k_1)}{(\Delta y)^2} \end{cases} \tag{9.10}$$

将式 (9.10) 代入式 (9.7) 和式 (9.8)，得到：

$$T_{i,j}(k_1+1) \approx T_{i,j}(k_1) + \Delta t \left\{ \frac{\lambda}{(\Delta x)^2}[T_{i,j+1}(k_1) - 2T_{i,j}(k_1) + T_{i,j-1}(k_1)] \right.$$

$$\left. + \frac{\lambda}{(\Delta y)^2}[T_{i+1,j}(k_1) - 2T_{i,j}(k_1) + T_{i-1,j}(k_1)] + \frac{q_v(k_1)}{\rho C_p} \right\} \tag{9.11}$$

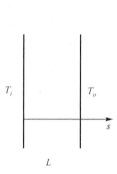 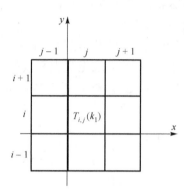

图 9.7　热传导方程的精确解析法案例　　　　图 9.8　二维平板温度分布理论推导

由式 (9.11) 分析可知：节点新时刻的温度为三项之和，即该节点上一时刻的温度、容积热和该节点上一时刻温度与其四个相邻节点温度差的加权平均值。

算例[1-3]：一绝缘棒初始温度为 0℃，假定一端温度固定在 0℃，另一端突然加热到 100℃，见图 9.9，求其温度分布。

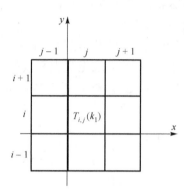

图 9.9　有限差分法温度分布计算算例

考虑计算资源约束，将绝缘棒划分为 4 段，第 1 段始终保持 0℃，第 4 段突然变成 100℃，求解 T_2 和 T_3。由式 (9.11) 简化可得：

$$\begin{cases} T_2(k+1) = T_2(k) + \dfrac{\lambda \Delta t}{(\Delta x)^2}[T_3(k) - 2T_2(k) + T_1(k)] \\ T_3(k+1) = T_3(k) + \dfrac{\lambda \Delta t}{(\Delta x)^2}[T_4(k) - 2T_3(k) + T_2(k)] \end{cases} \tag{9.12}$$

将已知条件 $T_1 = T_2(0) = T_3(0) = 0$ ℃以及 $T_4 = 100$ ℃代入式 (9.12)，进行迭代求解，可得 $T_2(k)$ 和 $T_3(k)$ 如表 9.3 所示，最后形成稳态梯度温度分布。

表 9.3　绝缘棒温度分布迭代求解　　　　　　　　　　（单位：℃）

时间步	T_1	T_2	T_3	T_4
1	0	0	0	100

续表

时间步	T_1	T_2	T_3	T_4
2	0	0	25.0000	100
3	0	6.2500	37.5000	100
4	0	12.5000	45.3125	100
5	0	17.5781	50.7813	100
10	0	29.5792	62.9124	100
11	0	30.5177	63.8510	100
20	0	33.1219	66.4553	100
21	0	33.1748	66.5081	100
30	0	33.3214	66.6548	100
31	0	33.3244	66.6577	100
40	0	33.3327	66.6660	100
41	0	33.3328	66.6662	100
50	0	33.3333	66.6666	100
51	0	33.3333	66.6666	100

9.2.2　热对流

定义：物体表面与其接触的液体或气体间进行的热交换过程，与热现象、流体动力学现象都相关。

由定义可知，热对流传热方式存在三个必要条件：存在温差、存在流体与壁面的直接接触及流体宏观运动。需要注意的是：满足该三个条件时，热传导与热对流同时存在。

热对流传递热量采用牛顿冷却公式计算：

$$\dot{q} = h\Delta T = h\left|T_f - T_w\right| \tag{9.13}$$

式中，下标 f 和 w 分别表示流体和壁面；h 为对流换热系数，单位为 $W \cdot m^{-2} \cdot K^{-1}$。

h 的数值受流体流速、流体物性以及壁面形状/大小等参数影响，为一变量。图 9.10 给出了平板流动边界层的形成、发展及对流换热系数 h 随流体流经壁面过程的数值变化情况[1-3]。由于黏性作用，在靠近壁面的薄层内，流体的流速由自由来流速度降为零，将此薄层称为附面层或边界层。由于边界层内流体速度为零，则壁面与流体之间的热量传递只能以热传导方式通过紧贴壁面的边界层进行；根据能量守恒，单位时间内由对流换热从壁面带走的热量，应等于单位时间内由导热从边界层传导的热量。

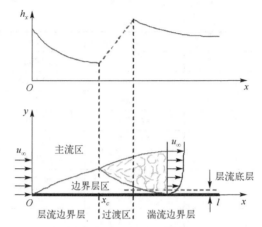

图 9.10　对流换热系数与流体流动情况（见彩图）
图中 x_c 表示层流边界层位置

边界层内，流体流动速度很低，其传热机理为热传导，满足：

$$\dot{q} = -k\frac{\partial T}{\partial y}\bigg|_w \tag{9.14}$$

热对流换热传递热量计算公式为：

$$\dot{q} = h\left|T_f - T_w\right| \tag{9.15}$$

则根据传递热量守恒，满足：

$$-k\frac{\partial T}{\partial y}\bigg|_w = h\left|T_f - T_w\right| \tag{9.16}$$

式中，k 为常值，T_f 和 T_w 为已知值。分析可知，壁面与流体之间的热量传递等价于在壁面与流体之间增加了一层边界层材料进行传递，具有显著特性：边界层厚度越小，说明温度梯度越大，对应的 h 数值越大；相反，边界层厚度越大，说明温度梯度越小，对应的 h 数值越小。

9.2.3　热辐射

1）定义及约束方程

定义：一种非接触传热方式，通过电磁波（光子）传递热量，无须任何介质；任何温度高于绝对零度的物体都具有热辐射能力。

热辐射分析中，基本定律都以黑体作为对象进行阐述；黑体具有可吸收来自（发射出去）各个方向、各种波长全部辐射能量的特点；自然界中并不存在黑体，物体采用一定温度的黑体进行等效。

黑体的光谱辐射由普朗克黑体辐射定律（Planck's law of blackbody radiation）、斯特藩-玻尔兹曼定律（Stefan-Boltzmann law）、维恩位移定律（Wien's displacement law）等进行表征。

（1）普朗克黑体辐射定律。

该定律用于描述黑体辐射的光谱辐射强度，即辐射能与波长或频率、黑体绝对温度的关系，计算公式为：

$$\begin{cases} L_f(T,f) = \dfrac{2h_1 f^3}{c^2 \left(\exp\left[\dfrac{h_1 f}{kT} \right] - 1 \right)} \\[4ex] L_\lambda(T,\lambda) = \dfrac{2h_1 c}{\lambda^3 \left(\exp\left[\dfrac{h_1 c}{\lambda kT} \right] - 1 \right)} \end{cases} \tag{9.17}$$

式中，L 为光谱辐射强度（单位为 $W \cdot m^{-2} \cdot sr^{-1} \cdot \mu m^{-1}$），$T$ 为黑体绝对温度，λ 和 f 分别为光谱波长及频率，$c(=\lambda f)$ 为光速，h_1 为普朗克常数，k 为玻尔兹曼常数。

（2）斯特藩-玻尔兹曼定律。

该定律为式（9.17）对所有波长（或频率）积分，亦称为 4 次方定律，即黑体辐射力与其绝对温度的 4 次方成正比，用于描述黑体辐射的总能力，即绝对温度 T 的黑体所能辐射的总能量，计算公式为：

$$M(T) = \int_0^\infty L_\lambda(T,\lambda)\mathrm{d}\lambda = \sigma T^4 \tag{9.18}$$

式中，M 为辐射强度（亦称辐射力，单位为 $W \cdot m^{-2} \cdot sr^{-1}$），$\sigma(=5.67 \times 10^{-8}\ W/(m^2 \cdot K^4))$ 为斯特藩-玻尔兹曼常数。

（3）维恩位移定律。

分析式（9.17）可知，光谱辐射强度为辐射波长的函数；经过多年探测研究，发现光谱辐射能随波长增大呈现先增大再减小的趋势，存在极大值。维恩位移定律用于表征光谱辐射强度极大值对应的波长与黑体绝对温度之间的关系，计算公式为：

$$\lambda_{\max} T = C \tag{9.19}$$

式中，$C \approx 3 \times 10^{-3}\ m \cdot K$。

图 9.11 给出了特定绝对温度黑体光谱辐射强度随波长的变化关系[1-3]：5900K 和 290K 有特殊含义，分别表征太阳、地球的等效黑体辐射温度；从图中可直接看出，光谱辐射强度仅在一定波长范围内存在，随波长的增大呈现先增大再减小的趋势。

2）综合分析

以太阳和地球的等效绝对温度黑体辐射为例，分析上述 3 个定律的具体表征，如图 9.12 所示：横坐标表示波长，单位为μm；左、右两边的纵坐标分别对应太阳和地球的辐射功率，左纵坐标的幅值基准为 10^{14}，右纵坐标的幅值基准为 10^7。黑色虚线表示太阳光谱辐射强度、黑色实线表示地球光谱辐射强度，对应普朗克黑体辐射定律表征；黑色虚线或实线与横坐标所包围的面积等价于太阳或地球总的辐射力，对应斯特藩-玻尔兹曼定律表征；虚线或实线的变化规律都是先增加再减小，存在极大值，黑竖线与横坐标的交点表征光谱辐射强度最大值对应的波长，对应维恩位移定律表征。

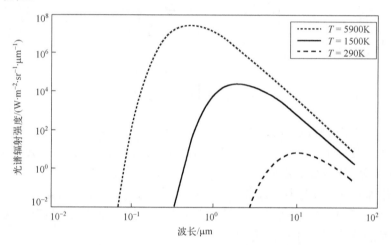

图 9.11　特定绝对温度黑体的光谱辐射强度与波长的关系

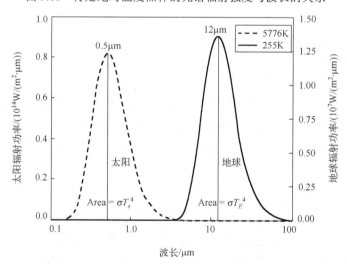

图 9.12　太阳和地球的等效黑体光谱辐射强度

当辐射能入射到物体表面时，物体表面对其进行吸收、散射（包括镜面散射和漫散射）以及透射，如图 9.13 所示，各部分比例满足：

$$
\begin{cases}
\alpha(\lambda) + \tau(\lambda) + \rho(\lambda) = 1 \\
\rho(\lambda) = \rho_d(\lambda) + \rho_S(\lambda)
\end{cases}
\tag{9.20}
$$

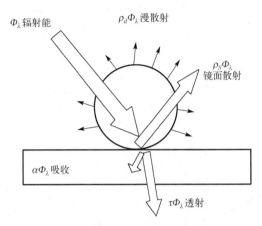

图 9.13　物体表面对入射辐射能的散射/吸收/透射

9.3　热环境效应

NASA 归纳总结了典型航天器部件的温度需求 (表 9.4)[1-3]，其中运行温度指部件能够正常运行且满足其性能和稳定性要求的温度，非运行/开机温度指设备能启动且满足其性能和稳定性要求的温度，生存温度 (survival temperature) 指设备未通电时暴露在辐射中而不造成损坏的温度。总体而言，在轨运行航天器的部件存在高温、低温、室温、恒温以及温度均匀性等需求。

表 9.4　典型航天器部件温度需求　　　　　　　(单位：℃)

部件	运行温度范围	非运行/开机温度范围	生存温度范围
典型电子器件	−15～45	−30～50	−30～60
电池	0～25	−10～30	−10～30
红外探测仪	−269～−173	−269～−173	−269～35
太阳能电池	−100～120	−100～120	−100～120
陀螺/反作用轮	0～40	−5～45	−10～50
光学系统	21±1	21±1	21±1
天线	−90～100	−90～100	−90～100

从物理定义或表 9.4 可看出，运行温度范围≤非运行/开机温度范围≤生存温度范围，部件的高温、低温、室温、恒温需求都可在表 9.4 中找到对应案例；温度均匀性需求主要对应于热变形，其上限是一种温差绝对值极限，在此极限情况下，部件的各部分存在温差导致变形，对光学系统、天线等高精度指向装置影响较大。

航天器在轨运行伴随从太空热源吸收热量(导致温度升高)及向宇宙空间辐射热量两大主过程,航天器内部设备工作也会产生热量及传递。除了太阳同步轨道卫星外,其他航天器相对太阳的辐射角具有快速时变性,导致航天器沿轨道运行所接受的太阳辐射热量差别很大。因此,热控设计目的为保证航天器各部件/设备处于工作温度范围,图 9.14 和图 9.15 给出了中星 22 的整星热控概貌及热量流动过程[5]。

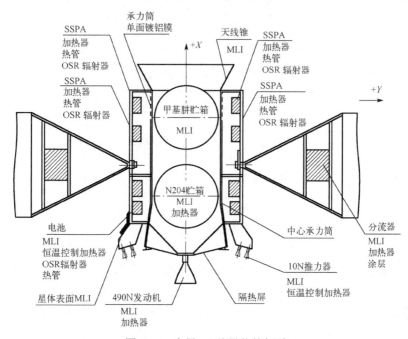

图 9.14　中星 22 整星热控概貌

图中 SSPA 表示固态高功率放大器(solid state high power amplifier);MLI 表示多层隔热组件(multilayer insulation)

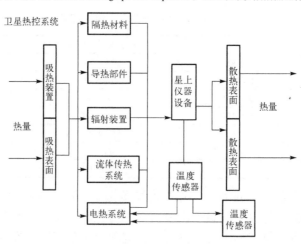

图 9.15　中星 22 热量流动过程

9.4　设计分析策略

伴随航天器各分系统研制，热控分系统的研制流程如图 9.16 所示[1-3]：热控设计阶段主要包括仪器/设备发热能量及其耗散分析、分系统的结构设计和结构布局、热分析和热模型的真实度检验、热性能测试和热控系统(thermal control system)试验等。

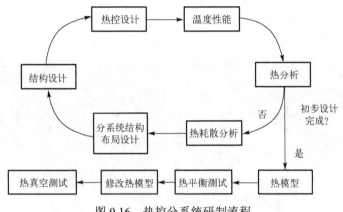

图 9.16　热控分系统研制流程

应对太空热能影响，航天器的热控设计分为系统级及部件级两部分[6-14]。系统级热控设计主要涉及整个航天器热量传递的宏观考虑，包括：减少空间环境热量吸收，如多层隔热组件、百叶窗等；增强向空间环境辐射排热能力，如热控涂层等；热流途径的优化设计，如热管等。部件级热控设计主要针对特殊温控需求的部件进行，包括：传导换热组件、对流换热组件、电加热器等。航天器热控措施可分为被动热控、主动热控、热防护(thermal protection)(主要面向发射入轨、再入返回阶段的巨大热流量)；航天器普遍采用"被动热控为主和主动热控为辅"的设计方案。

1)被动热控

定义：依靠合理的总体布局、选择热控材料等控制航天器内外热交换。

被动热控具有明显优点，如无运动部件、不消耗电能、技术简单、运行可靠、寿命长、经济性好等，是航天器热控最基本、最主要的技术，也是目前应用最多的热控技术。常见的被动热控措施包括热控涂层、多层隔热组件、热管、相变材料等[1-3]。

(1)热控涂层。

用于调整物体表面热辐射性质，从而达到对物体温度进行控制的表面涂层。由前述真空环境内容可知，航天器外表面温度由其热辐射性质 α_S/ε_H 决定，可估算为：

$$\alpha_S A_S S_e = A_e \sigma \varepsilon_H T_S^4 \Rightarrow T_S = \left(\frac{\alpha_S}{\varepsilon_H} \frac{A_S S_e}{A_e \sigma} \right)^{0.25} \tag{9.21}$$

式中，α_S 为物体表面对太阳辐射的吸收率，ε_H 为物体表面的发射率，A_S 为物体表面垂直于太阳光的面积，A_e 为物体表面辐射面积。

如图 9.17 所示为我国嫦娥三号登月探测器外表面所采用的"黄金衣"热控涂层，该设计的目的为：月球无大气，导致其昼夜温差巨大，登月探测器夜间必须能较好保温，一定条件下期望 α_S/ε_H 较大。部分航天器常用热控涂层的 α_S 与 ε_H 值如表 9.5 所示，由表中数据可知，"黄金衣"涂层模式能较好满足嫦娥三号登月探测器保温要求。

图 9.17　嫦娥三号外表面所用"黄金衣"热控涂层(见彩图)

表 9.5　部分常用热控涂层的 α_S 与 ε_H 值

涂层	α_S	ε_H	α_S/ε_H
VD 金	0.23	0.03	9.20
VDA	0.15	0.05	3.00
黑漆	0.94	0.81	1.16
白漆	0.20	0.88	0.23
SSM(2mil 厚度的银)	0.10	0.60	0.17
光学太阳反射镜(OSR)	0.09	0.82	0.11

(2)多层隔热组件。

首先明确，组件二字在一些文献中也用材料、覆层、部件、系统等表示。多层隔热组件的基本结构由两部分组成：①隔离传导热的间隔层，目的是减少星上仪器设备的热量损失；②反射辐射热的反射层，目的是隔离外部热源加热。多层隔热组件在航天器上应用较广，除散热面、太阳能电池片、遥感器窗口、控制系统敏感器和推力器等的安装部位外，航天器的其余部位几乎全都包覆有多层隔热组件。

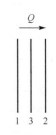

图 9.18　多层隔热组件的基本结构

多层隔热组件的基本结构如图 9.18 所示，从层面 1 传递到层面 2 的热量估算为：

$$Q = \frac{\sigma A(T_1^4 - T_2^4)}{(n+1)\left(\dfrac{2}{\varepsilon} - 1\right)} \tag{9.22}$$

式中，n 为层面 1 与 2 之间层的数量，A 为层的面积。

分析式(9.22)可知，层的发射率 ε 越小、层数 n 越多，则传递热量越少，组件的隔热效果越好。

(3) 热管。

工作原理为利用工质的蒸发、凝结相变和循环流动来传递热量，使得热量从热管一端所连接仪器转移到热管另一端所连接的仪器，达到温度按需控制的目的。热管的基本结构与工作原理如图 9.19 所示：热量从蒸发段通过蒸气流动传递给凝结段；排热后，蒸气凝结成液态，通过毛细结构(管芯)再流回蒸发段。流体流动的基本原理为毛细力驱动作用。蒸气流动的基本原理为：蒸气在压差作用下，由加热段(蒸发段)流向排热段(凝结段)。

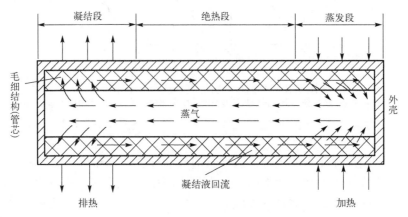

图 9.19　热管的基本结构与工作原理

(4) 相变材料。

物质的固-液-气态转化伴随着热量的吸收与释放，相变材料一般采用固-液型(也称为熔化-凝固型)模式。

相变材料置于被控设备与外部环境之间，其被动热控的基本原理为：当被控设备界面温度升高到相变材料熔点时，相变材料熔化并吸收与熔化潜热相当的热量，使界面温度保持在熔点温度；当界面温度下降时，相变材料凝固并放出潜热，维持界面温度不变。

2) 主动热控

主动热控为根据外热流、内热源等变化，实时调节航天器结构部件和仪器设备温度；消耗电能，一般具有传动部件。目前，常用的航天器主动热控措施包括[1-3]：辐射式(热控百叶窗，见图9.20，由低发射率的可转动叶片及高发射率的散热底板组成，根据温度需求确定所开窗体面积的大小，改变热辐射强度)、导热式(可变导热管)、对流式(气体、液体循环热控系统)、电加热(见图9.21，低温条件下，可采用电加热保持设备温度高于最低限值，图中触点根据实际温度与设定温度的偏差确定接触或断开，如接触，电路回路导通，电阻通电加热，仪器升温；太空望远镜(如哈勃、詹姆斯·韦伯望远镜)镜片温度多节点均匀性控制采用此方法)以及低温制冷(高精度的敏感设备，如红外望远镜、敏感器的焦平面和镜片，无线电接收器的低噪声放大器及超导体等需工作于超低温度，目前常用装置包括辐射式制冷器、热电制冷装置、储存式深冷系统、机械式制冷机)等。

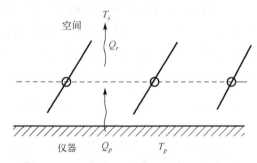

图 9.20　热控百叶窗的基本结构与工作原理
图中 Q_p 和 T_p 分别为仪器的热量及温度；Q_r 为辐射热量；T_s 为周围环境温度

3) 热防护

热防护与热控存在本质区别，其面对的外部环境为大热流，主要针对发射入轨及再入返回阶段航天器前端所面临的巨大热流。因此，热防护一般采用热沉防热(见图9.22，利用防热层材料的热容吸收大部分气动热)、烧蚀防热(见图9.23，利用材料质量的损耗吸收气动热，对航天器及其临近环境存在一定污染)两种方式[1-3]。

4) 地面热测试

为验证航天器热设计的正确性、考核热控系统对飞行各阶段热环境的适应能力、确定最佳热控参数等，在航天器研制阶段，必须在地面开展相应的航天器热测试。

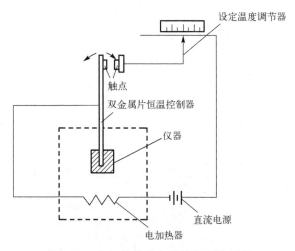

图 9.21　电加热的基本结构与工作原理

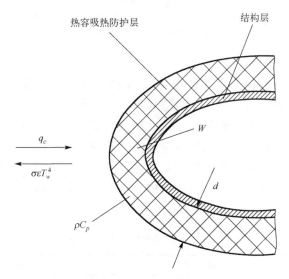

图 9.22　热沉防热原理

图中 d 为热容吸热防护层厚度；W 为吸收热量；ρC_p 为热容；q_c 为入射热量；$\sigma \varepsilon T_w^4$ 为辐射热量

（1）空间热环境的地面模拟。

微重力：模拟难度较大，一般采用飞行试验。真空：一般采用 $<10^{-3}$Pa 的压力条件进行模拟。低温黑背景：一般采用液氮为工质(77K 左右)的系统进行模拟。外热流：入射热流模拟(太阳模拟器，可模拟外热流的辐射强度、方向及光谱特性)、吸收热流模拟(红外加热装置，使用加热装置对航天器加热，使航天器吸收的热量等于空间外热流，以获得等效热效应，不考虑实际的空间外热流光谱特性)。

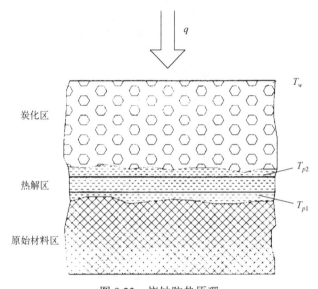

图中 q 表示入射热量；T_w 表示炭化区温度；T_{p1} 和 T_{p2} 分别表示热解区上下层温度

(2)热平衡与热真空试验。

航天器研制过程存在两类重要热试验：热平衡及热真空试验。热平衡试验是在空间模拟室产生的真空与热辐射(热流)环境下，检验航天器在轨运行的温度分布、验证热设计数学模型，并考验热控系统功能的试验。热平衡试验是航天器研制过程中试验周期最长，工作量最大与耗资最多的试验项目。热真空试验为在真空和规定的温度条件下，验证或检查航天器产品功能、检验航天器制造工艺等的热试验。热平衡及热真空试验在试验目的、试验模型、控制参数及试验过程等方面截然不同，如表 9.6 所示。

表 9.6　热平衡试验与热真空试验对比

比较项目	热平衡试验	热真空试验
试验目的	验证热设计的正确性； 考核热控分系统的能力； 获取整星温度数据； 修正热分析数学模型	暴露卫星在设计、材料和制造工艺上的缺陷； 评定整星工作性能
试验模型	热控星(初样)	发射星(正样)
控制参数	外热流值：控制卫星外表面吸收的外热流值等同于卫星表面在太空中吸收的外热流	温度：控制星上设备温度，达到鉴定级或验收级的温度水平
试验过程	按工况，施加外热流值和设置卫星工作模式，直至卫星达到热稳定，测出各部位温度；然后转换到其他工况	按循环剖面图，调整红外加热装置的功率或设备工作状态，使星上设备温度达到高、低温度值，并保持一定时间进行电性能测试

参 考 文 献

[1]　艾伦·C·特里布尔. 空间环境[M]. 唐贤明, 译. 北京: 中国宇航出版社, 2009.

[2]　Pisacane V L. The Space Environment and Its Effects on Space Systems[M]. Reston: AIAA Education Press, 2008.

[3]　文森特·L·皮塞卡. 空间环境及其对航天器的影响[M]. 张育林, 陈小前, 闫野, 译. 北京: 中国宇航出版社, 2011.

[4]　杨贤荣, 马庆芳, 原庚新, 等. 辐射换热角系数手册[M]. 北京: 国防工业出版社, 1982.

[5]　张桂兰, 周佐新. 中星 22 号通信卫星热设计[J]. 航天器工程, 2002, 11(1): 24-27.

[6]　王镇锐, 张兴斌, 温世喆, 等. 结合 TEC 的泵驱两相温控系统的空间应用[J]. 宇航学报, 2018, 39(10): 1176-1184.

[7]　于新刚, 徐侃, 苗建印, 等. 高热流散热泵驱两相流体回路设计及飞行验证[J]. 宇航学报, 2017, 38(2): 192-197.

[8]　李德富, 刘小旭, 邓婉, 等. 热管技术在航天器热控制中的应用[J]. 航天器环境工程, 2016, 33(6): 625-633.

[9]　宁献文, 张加迅, 赵欣. 卫星单相流体回路热控系统前馈 PID 控制[J]. 中国空间科学技术, 2008(4): 1-6.

[10]　丁汀, 郭霖, 张红星, 等. 空间热管技术发展现状及未来趋势[C]. 北京:第十三届空间热物理会议, 2012: 1-7.

[11]　江经善. 实践四号卫星热设计及其实施[J]. 航天器工程, 1995, 4(2): 46-51.

[12]　侯欣宾, 邵兴国, 徐丽, 等. 嫦娥一号卫星热设计及计算分析[J]. 航天器工程, 2006, 15(4): 21-26.

[13]　李毅. 碳卫星有效载荷热控制技术[D]. 北京: 中国科学院大学, 2015.

[14]　宁献文, 李劲东, 王玉莹, 等. 中国航天器新型热控系统构建进展评述[J]. 航空学报, 2019, 40(7): 1-13.

中英文对照表

英文	中文
adhesion force	黏附力
AE (aerospace corporation electron version)	航天公司的电子模型
aerodynamic drag force	气动阻力
albedo radiation	反照辐射
aluminum-equivalent thickness	等效铝厚度
angle coefficient	角系数
AP (aerospace corporation proton version)	航天公司的质子模型
atmospheric pressure	大气压
atomic number	原子序数
atomic oxygen denudation	原子氧剥蚀
average molar mass	平均摩尔质量
bow shock	弓形激波
breakup model	解体模型
bremsstrahlung	轫致辐射
chemical bond energy	化学键能
clean room	洁净室
cleanliness	洁净度
CME (coronal mass ejection)	日冕物质抛射
collective effect	集体效应
collision probability	碰撞概率
communication blackout	通信黑障
Compton scattering	康普顿散射
constituent	要素
CREME (cosmic ray effects on micro-electronics)	宇宙射线对微电子的效应
CVCM (collected volatile condensable materials)	收集的可凝挥发性物质
DD (displacement damage)	移位损伤
debris cloud evolution	碎片云演化
debris cloud	碎片云
Debye radius	德拜半径
degradation	降级
direct solar radiation	太阳直接辐射

续表

英文	中文
distribution characteristic	分布特性
DSP (Double Star Project)	双星探测工程
ECR (electron cyclotron resonance)	电子回旋共振
ECSS (european combined spacecraft standard)	欧洲联合航天器标准
electric field	电场
energetic plasma	高能等离子体
energy	能量
equilibrium voltage	平衡电压
erode	腐蚀
ESD (electrostatic discharging)	静电放电
ESP (emission of solar protons)	太阳质子喷射
EUV (extreme ultraviolet)	极端紫外
EVA spacesuit	舱外航天服
excitation	激发
exosphere	外层
flux	通量
fragmentation debris	解体碎片
frequency	频率
GCR (galactic cosmic ray)	银河宇宙射线
geomagnetic coordinate system	地磁参考坐标系
geomagnetic elements	地磁要素
geomagnetic storm	地磁暴
grounding	接地
GPS (global positioning system)	全球定位系统
GTO (geostationary transfer orbit)	地球同步转移轨道
heat conduction	热传导
heat convection	热对流
heat radiation	热辐射
HEO (highly elliptical orbit)	高椭圆轨道
IEVA spacesuit	舱内舱外航天服
IGE (international geosynchronous electron)	国际地球同步轨道电子
IGRF (international geomagnetic reference filed)	国际地磁参考场
ion sputtering	离子溅射
ionization	电离
ionosphere	电离层

续表

英文	中文
ionospheric storm	电离层暴
IVA spacesuit	舱内航天服
JAXA (Japan Aerospace Exploration Agency)	日本宇宙航空研究开发机构
Kessler syndrome	凯斯勒症候
LANL (Los Alamos National Laboratory)	洛斯·阿拉莫斯国家实验室
LEO (low earth orbit)	低地球轨道
LET (linear energy transfer)	传能线密度
low-energy plasma	低能等离子体
magnetic activity	磁场活动
magnetic flux density	磁通密度
magnetic sub-storm	亚磁暴
magnetosheath	磁鞘
magnetotail	磁尾
MASTER (meteoroid and space debris terrestrial environmental reference model)	ESA 的流星体与太空碎片环境参考模型
mesosphere	中间层
MET (Marshall engineering thermosphere)	马歇尔工程热层
MHD (magneto hydro dynamics)	磁流体动力学
molecular contamination	分子污染
MSFC (Marshall Space Flight Center)	美国马歇尔太空飞行中心
MSIS (mass spectrometer and incoherent scatter)	质谱仪-非相干散射
MUSCAT (multi-utility spacecraft charging analysis tools)	多功能航天器充电分析工具
NASA (National Aeronautics and Space Administration)	美国国家航空航天局
negative charging	负充电
NOAA (National Oceanic and Atmospheric Administration)	美国国家海洋和大气局
north geographical pole	地理北极
operating temperature	工作温度
ORDEM (orbit debris engineering model)	NASA 的轨道碎片工程模型
ozonosphere	臭氧层
pair production	电子对生成
particle contamination	微粒污染
photoelectric effect	光电效应
photoionization	光致电离
Planck's law of blackbody radiation	普朗克黑体辐射定律
plasma coefficient	等离子体系数

英文	中文
plasma frequency	等离子体振荡频率
QARM（QinetiQ atmospheric radiation model）	QinetiQ 公司的大气辐射模型
quasi-neutrality	准中性
ring current	环电流
rocket bodies	火箭箭体
SAA（South Atlantic anomaly）	南大西洋异常区
scintillation	闪烁
SEE（single events effect）	单粒子效应
SEET（space environment and effects tool）	太空环境与效应工具
shortwave communication	短波通信
single particle movement	单粒子运动
SMI（solar wind-magnetosphere-ionosphere）	太阳风-磁层-电离层
solar activity	太阳活动
solar atmosphere	太阳大气
solar flare	太阳耀斑
solar prominence	日珥
solar wind	太阳风
space contamination	太空污染
space debris	空间碎片
space weather	空间天气
spacecraft charging	航天器充电
spacecraft glow	航天器辉光
spacecraft material selection	航天器材料选型
spacecraft orbit decay	航天器轨道衰退
SPE（solar proton event）	太阳质子事件
spectral irradiance	光谱辐照度
SPENVIS（space environment information system）	空间环境信息系统
SSN（Space Surveillance Network）	美国空间监视网
Stefan-Boltzmann law	斯特藩-玻尔兹曼定律
stratosphere	平流层
sunspot	太阳黑子
survival temperature	生存温度
TEC（total electron content）	电子浓度总量
thermal analysis	热分析
thermal control system	热控系统

英文	中文
thermal design	热设计
thermal environment	热环境
thermal protection	热防护
thermal test	热试验
thermosphere	热层
TID (total ionizing dose)	总电离剂量
TML (total mass loss)	总质量损失
troposphere	对流层
UV (ultraviolet)	紫外线
vacuum cold welding	真空冷焊
vacuum environment	真空环境
VHF (very high frequency)	甚高频
wavelength	波长
Whipple protective structure	Whipple 防护结构
Wien's displacement law	维恩位移定律
WMM (world magnetic model)	世界地磁场模型
WVR (water vapor regained)	水蒸气回收

彩　　图

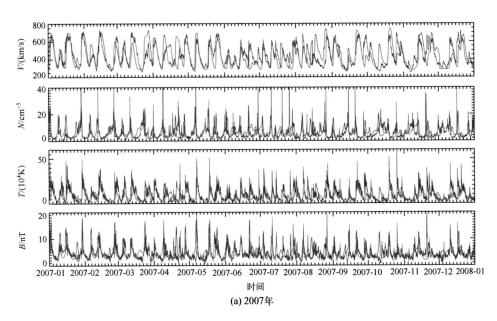

(a) 2007年

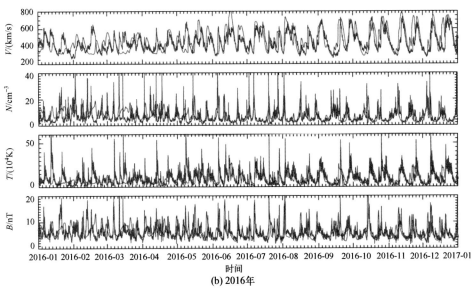

(b) 2016年

图 2.11　距太阳 1ua 的太阳风模拟值(红线)与观测值(蓝线)的对比

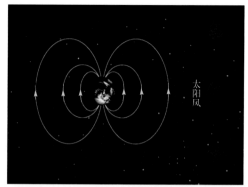

图 3.7　对称分布的地磁场(太阳风作用前)

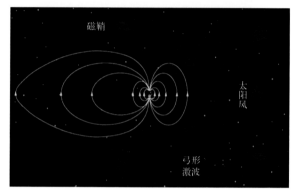

图 3.8　非对称分布的地磁场及磁鞘(太阳风作用后)

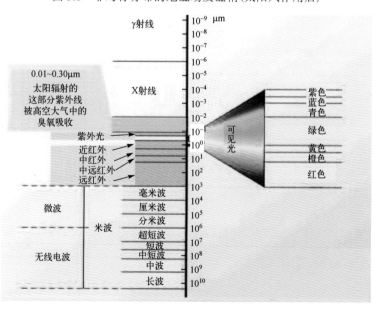

图 4.1　太阳辐射光谱分布

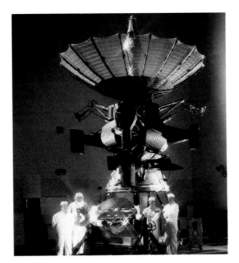

图 4.7 伽利略木星探测器 1 号

黏附力/mN

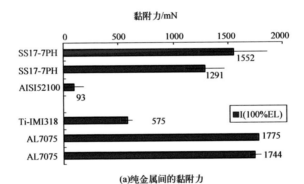

(a)纯金属间的黏附力

黏附力/mN

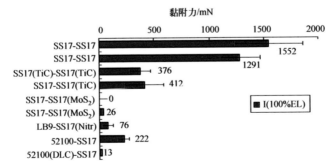

(b)覆盖涂层的金属间黏附力

图 4.8 撞击模式下配对材料的黏附力数值对比

EL(elastic limit)表示弹性约束；I 表示碰撞

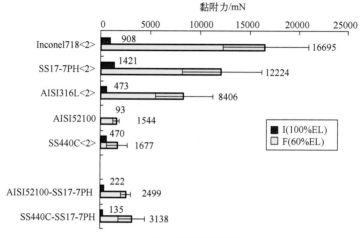

(a) 纯金属间的黏附力

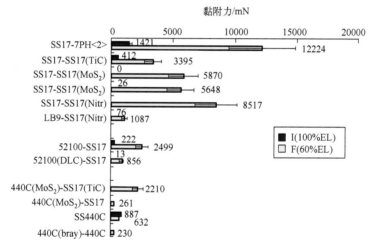

(b) 覆盖涂层的金属间黏附力

图 4.9 磨损模式下配对材料的黏附力数值对比

EL 表示弹性约束；I 表示碰撞；F 表示摩擦

图 5.3 太阳大气对地球大气的影响

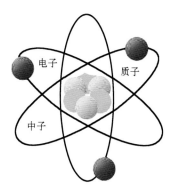

图 6.2　原子结构组成

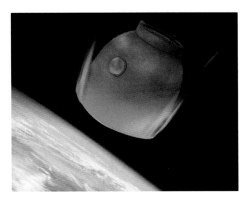

图 6.4　返回舱周围的等离子体鞘

图 6.5　航天器太阳能帆板充放电损伤

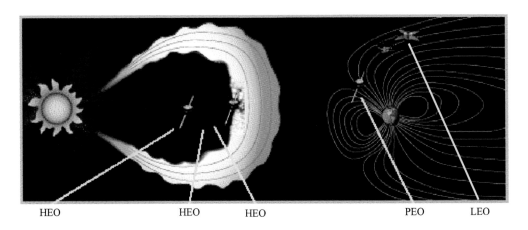

HEO　　　HEO　　HEO　　　PEO　　LEO

图 6.6　地球空间等离子体环境分布

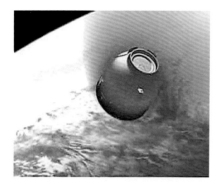

(a)航天器返回舱"通信黑障"

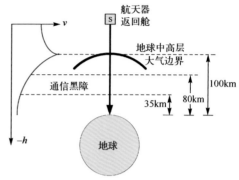

(b) "通信黑障"现象分析

图 6.10 航天器返回舱"通信黑障"及其原因

图 6.30 常用航天器充电分析测试系统

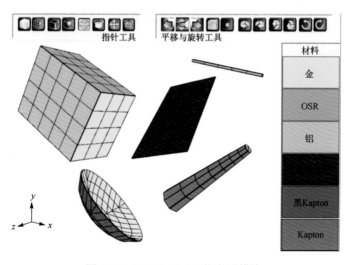

图 6.32 NASCAP-2K 的内置模块

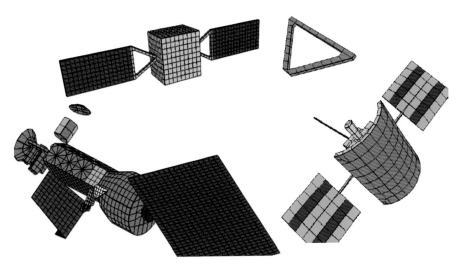

图 6.33　基于 NASCAP-2K 内置模块建立的典型航天器表面几何

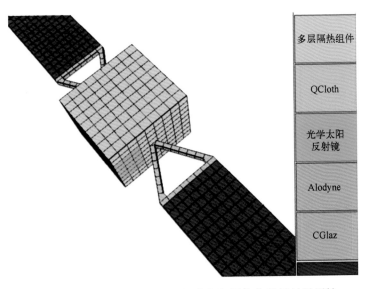

多层隔热组件

QCloth

光学太阳
反射镜

Alodyne

CGlaz

图 6.34　GEO 航天器表面几何建立与网格化及其材料属性

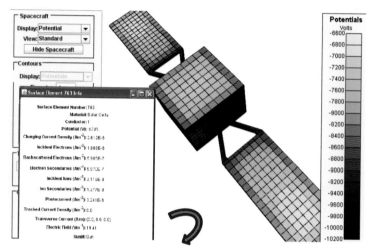

Surface Element Number: 763

Material: Solar Cells

Conductor: 1

Potential (V): -6791.

Charging Current Density (Am^{-2}): 2.612E-6

Incident Electrons (Am^{-2}): 1.868E-6

Backscattered Electrons (Am^{-2}): 5.965E-7

Electron Secondaries (Am^{-2}): 5.970E-7

Incident Ions (Am^{-2}): 3.119E-8

Ion Secondaries (Am^{-2}): 1.377E-8

Photocurrent (Am^{-2}): 3.241E-6

图 6.38   GEO 航天器充电的仿真结果

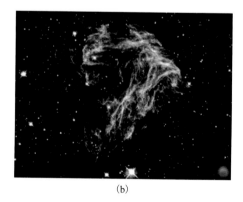

(a)   (b)

图 7.2   银河系超新星爆发

图 7.4 太阳质子事件喷射大量高能带电粒子

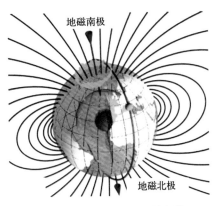

图 7.5 地磁场极性及磁力线

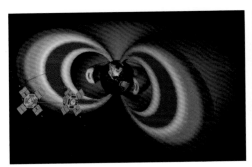

(a) 双探测器穿越辐射带

(b) 辐射带基本构型

图 7.6 探测航天器穿越范·艾伦辐射带及辐射带基本构型

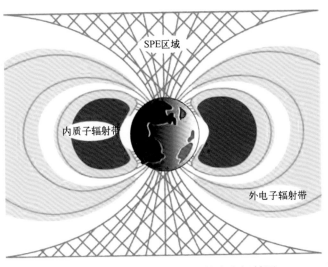

图 7.9 不同轨道航天器面临的太空辐射源

图 7.10 星际高能带电粒子形成的第三辐射带

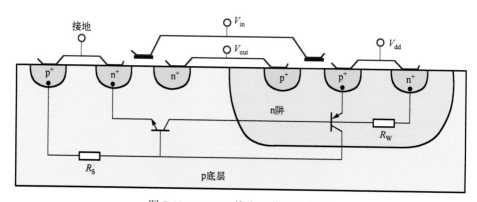

图 7.19 CMOS 整流器截面及电路

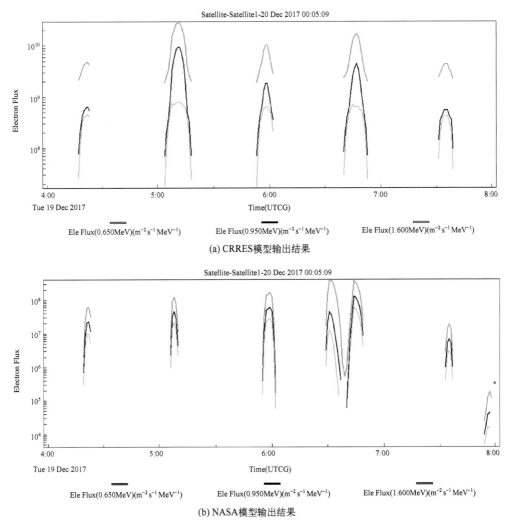

(a) CRRES模型输出结果

(b) NASA模型输出结果

图 7.26　不同模型输出的太空辐射通量对比

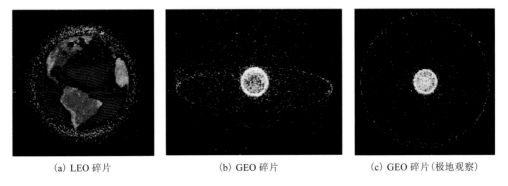

(a) LEO 碎片　　　　　(b) GEO 碎片　　　　　(c) GEO 碎片(极地观察)

图 8.2　轨道碎片分布

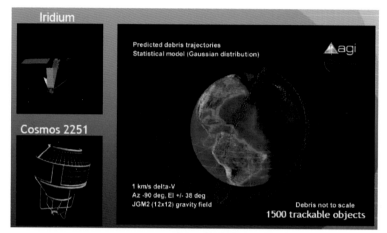

(a)相撞及演化状态

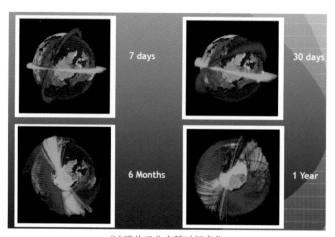

(b)碎片云分布随时间变化

图 8.5　美俄卫星相撞碎片云演化规律

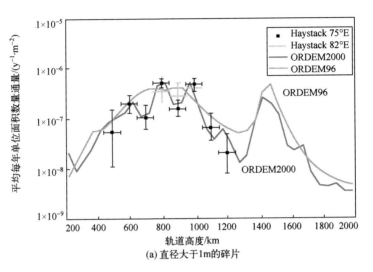

(a) 直径大于1m的碎片

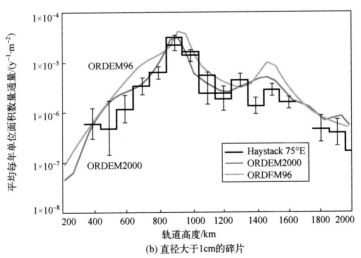

(b) 直径大于1cm的碎片

图 8.11　ORDEM 模型计算与 Haystack 观测结果对比

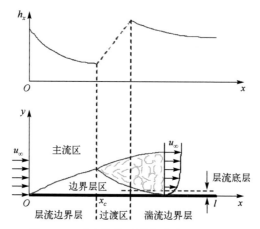

图 9.10　对流换热系数与流体流动情况
图中 x_c 表示层流边界层位置

图 9.17　嫦娥三号外表面所用"黄金衣"热控涂层